Naveenkumar Moorthy
Kandibane Muthusamy

Nectários extraflorais em agentes de controlo biológico

Naveenkumar Moorthy
Kandibane Muthusamy

Nectários extraflorais em agentes de controlo biológico

ScienciaScripts

Imprint
Any brand names and product names mentioned in this book are subject to trademark, brand or patent protection and are trademarks or registered trademarks of their respective holders. The use of brand names, product names, common names, trade names, product descriptions etc. even without a particular marking in this work is in no way to be construed to mean that such names may be regarded as unrestricted in respect of trademark and brand protection legislation and could thus be used by anyone.

Cover image: www.ingimage.com

This book is a translation from the original published under ISBN 978-620-7-80654-6.

Publisher:
Sciencia Scripts
is a trademark of
Dodo Books Indian Ocean Ltd. and OmniScriptum S.R.L publishing group

120 High Road, East Finchley, London, N2 9ED, United Kingdom
Str. Armeneasca 28/1, office 1, Chisinau MD-2012, Republic of Moldova, Europe
Printed at: see last page
ISBN: 978-620-7-78097-6

RESUMO

Os nectários extraflorais são glândulas especializadas na secreção de açúcar localizadas fora das flores e têm sido observados em várias espécies de plantas em todo o mundo (Jones et al., 2017). O néctar extrafloral é encontrado em mais de 108 famílias e 745 géneros de fetos e angiospérmicas, e está disperso por estruturas vegetais como espigas, pedicelos, botões, cálices, folhas, pecíolos, brácteas ou caules. Em pomares, também é viável intercalar espécies produtoras de EFN que sustentam inimigos naturais com pouca ou nenhuma perda para a cultura principal. O néctar extrafloral é geralmente entendido como um mecanismo de defesa indireto. A fonte de alimento oferecida pelo NFE é utilizada por vespas, coccinelídeos, formigas, aranhas e escaravelhos, oferecendo diferentes graus de proteção contra pragas (Kost & Heil, 2005). A interação mutualista entre as plantas e os agentes de controlo biológico aumenta a proteção das plantas contra as pragas herbívoras. As EFN podem aumentar a abundância e a eficácia destes inimigos naturais, conduzindo a uma redução dos danos causados pelos herbívoros e a uma melhor aptidão das plantas. O EFN desempenha um papel crucial no fornecimento de fontes de alimento e na defesa indireta das plantas, atraindo uma variedade de artrópodes predadores e parasitóides, que actuam como agentes de controlo biológico (Heil, 2008). Ao fornecer uma fonte de alimento consistente e fiável sob a forma de néctar, as EFN aumentam a longevidade, a fecundidade e a eficácia destes agentes de controlo biológico. Este estudo tem como objetivo apresentar uma revisão sobre o papel defensivo indireto e a fonte de alimento dos nectários extraflorais.

CONTEÚDO

3

1. INTRODUÇÃO

Todas as estruturas vegetativas ou reprodutivas das plantas possuem glândulas de néctar, que libertam exsudados contendo hidratos de carbono (Aguirre et al., 2013). Estas estruturas únicas, que se encontram nos componentes das plantas, são conhecidas como nectários extraflorais (encontrados nos órgãos vegetativos da planta) e florais (encontrados nos órgãos florais) (Coutinho et al., 2012). As glândulas nectaríferas podem ser encontradas nas plantas em qualquer lugar para além das raízes. É bem conhecido que o néctar que abastece as glândulas nectaríferas florais contribui diretamente para a polinização. Por outro lado, os nectários extraflorais são essenciais para preservar a relação mutualística que beneficia tanto as plantas como os insectos, apesar de não estarem diretamente envolvidos na polinização (Almeida et al., 2012). O néctar extrafloral é maioritariamente composto por hidratos de carbono, pelo que a fotossíntese pode afetar a quantidade de néctar secretado (Fang e Jin, 2015). O néctar extrafloral é geralmente entendido como um mecanismo de defesa indireto. Esta fonte de alimento é também utilizada por vespas e coccinelídeos, para além das formigas, oferecendo vários graus de proteção contra pragas. Por exemplo, tem sido demonstrado repetidamente que as formigas protegem toda a planta, enquanto outros visitantes podem servir como pragas ou como benéficos (Kost e Heil, 2005). Quando as plantas libertam néctar, é geralmente para atrair animais que ajudam na polinização (néctar floral) ou no controlo de pragas (néctar extrafloral). Os néctares são propensos à infestação por microrganismos que podem usar os tecidos semelhantes ao néctar como portas de entrada para infetar a planta, uma vez que são frequentemente soluções aquosas que contêm principalmente açúcares e aminoácidos, mas também outros nutrientes (Jamont et al., 2013). Por esta razão, os tecidos que libertam néctar requerem uma barreira robusta para evitar lesões prejudiciais (Escalante et al., 2012). Este estudo tem como objetivo fornecer uma visão geral das EFN que actuam como fonte de alimento para os agentes de controlo biológico e a sua proteção contra os herbívoros.

Figura 1. Nectraies extraflorais

2. INTRODUÇÃO GERAL E PANORÂMICA SOBRE OS NECTÁRIOS EXTRAFLORAIS

2.1. O que são os nectários extraflorais?

As plantas utilizam o néctar como uma espécie de troca para atrair insectos úteis. As glândulas de néctar encontram-se normalmente nas flores. Quando estas glândulas se encontram noutros locais, normalmente em folhas ou caules, são designadas por extraflorais. Os nectários extraflorais (EFN) são glândulas nas folhas e caules que produzem néctar e têm uma forma semelhante a um botão. Estas glândulas têm uma grande variedade de formas e tamanhos. Algumas têm estruturas extremamente simples, enquanto outras têm estruturas complexas. O néctar que as EFNs geram é muito semelhante entre espécies e localizações geográficas, independentemente da sua forma. Isto é bastante diferente da grande variedade de variantes observadas no néctar produzido pelas flores.

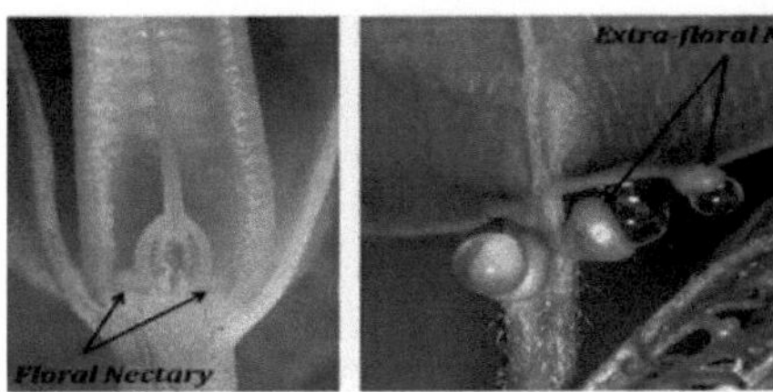

Figura. 2 Nectraias florais e extraflorais nas plantas

2.2. Insectos atraídos pelos nectários

Um dos visitantes mais comuns dos nectários extraflorais é a formiga. Embora ajudem a arejar o solo, normalmente as formigas não são consideradas como insectos benéficos, porque cultivam afídeos e normalmente espalham doenças de planta para planta. No entanto, estudos recentes também demonstraram que as formigas beneficiam as árvores ao consumirem insectos perigosos e néctar, excretando depois esses nutrientes nas folhas. A folha absorve então esses nutrientes, fornecendo à planta alimentos essenciais onde estes são necessários. Algumas pragas graves, incluindo os pombinhos da Flórida, também utilizam esta fonte de alimento. A maioria dos insectos benéficos atraídos pelos nectários extraflorais incluem joaninhas, crisopídeos, mantides e vespas. Com objectivos semelhantes, certas plantas produzem domácias, ou câmaras protegidas.

Figura 3. Predadores alimentam-se de EFN

2.3. Filogenia

Porque os "nectários foliares", ou flores, estavam ausentes das pteridófitas, onde os EFNs apareceram inicialmente nas suas frondes (Koptur, 2013). Acredita-se que a origem do EFN é tipicamente uma caraterística que evoluiu para estabelecer uma relação mutualística com insectos como as formigas. Os investigadores chegaram à conclusão de que o objetivo original dos nectários não envolvia formigas ou outros insectos porque as formigas surgiram tardiamente, durante o período Cretáceo. De acordo com a teoria do floema com fugas, a elevada pressão do floema nas plantas causou fugas na seiva do floema nos seus pontos anatómicos fracos, razão pela qual ocorreram estas secreções (Ward, 2007). No atual período geológico, a variedade de angiospérmicas, a arquitetura, a fenologia e até as interacções com outras espécies do EFN são significativamente superiores às das pteridófitas. No entanto, a existência de néctar nas gimnospérmicas há muito que é contestada; investigadores mais antigos confundiam frequentemente as secreções pegajosas produzidas pelos óvulos durante a polinização com néctar (Weber et al., 2013; Nepi, 2017).

2.4. Plantas que apresentam nectários extraflorais

Mais de 2.000 tipos diferentes de plantas têm nectários extraflorais. Os nectários extraflorais encontram-se em todas as cucurbitáceas e em muitas espécies de Prunus e leguminosas. Isto indica que os pessegueiros, os alperces, as nectarinas, as cerejeiras e as ameixeiras, bem como as abóboras, os melões e as cabaças, têm estas glândulas nodosas. Os nectários extraflorais também podem ser encontrados em numerosas videiras, plantas carnívoras, peónias, ervilhaca comum e salgueiro. Estas glândulas são conhecidas como "extrasorais" pelos cientistas. Mais estudos botânicos estão a revelar a importância dos nectários extraflorais como fonte de alimento para a biodiversidade, particularmente em períodos de seca.

2.5. Ocorrência

Atualmente, existem 4017 espécies de plantas com EFNs atribuídas, agrupadas em 110 famílias. Os grupos Passifloraceae (11,2%), Malvaceae (7,7%) e outros têm taxas de prevalência mais elevadas. Lista Mundial de Plantas com Nectários Extraflorais: Malpighiaceae (4,6%), Orchidaceae (2,2%), Rosaceae (1,7%), Salicaceae (1,4%), Lamiaceae (1,1%), Oleaceae (0,8%), Gentianaceae (0,8%), Poaceae (0,7%). Diferentes espécies de plantas têm diferentes localizações onde os EFNs são encontrados nas partes vegetativas; estas incluem a superfície adaxial de Callicarpa, o pecíolo de Cassia, as estípulas de Vicia, a nervura mediana de Hibiscus, o pecíolo de Passiflora, a folha e a inflorescência de Ricinus, e as margens das folhas de Ailanthus e Allamanda (Mizell, 2001). O néctar extrafloral é encontrado em mais de 108 famílias e 745 géneros de fetos e angiospérmicas, e está disperso por estruturas vegetais como espigas, pedicelos, botões, cálices, folhas, pecíolos, brácteas ou caules (Kost e Heil, 2005; Dattilo et al., 2015). As glândulas extraflorais secretoras de néctar formam-se nas folhas no início do período de brotação; o desenvolvimento fenológico das plantas determina a atividade (tempo e produtividade) dessas glândulas, que varia entre as espécies (Calixto et al., 2015). Em comparação com as glândulas de néctar florais, as glândulas de néctar extraflorais libertam frequentemente quantidades significativas de néctar durante um período de tempo consideravelmente mais longo (Geneau et al., 2013).

Figura 4. Inflorescência de Ricinus

Figura 5. Pecíolo de Passiflora

Figura 6. Pecíolo de Passiflora

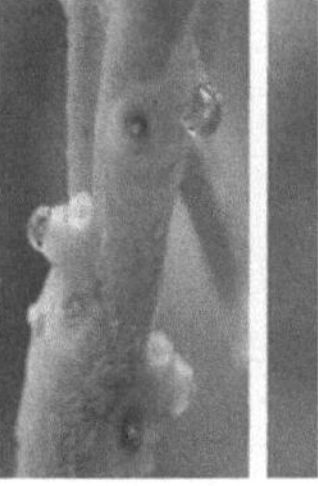

Figura 7. Pedúnculo do feijão-frade

Figura 8. Margens das folhas de Ailanthus

Figura 9. Capitulo do noni

Tabela.1 Forma e distribuição dos EFNs presentes em diferentes espécies de plantas (Nalini et al., 2019)

S.N.	Família de plantas	Espécies vegetais	Local EFNs	(Localização)	de	Forma de EFNs	de	Distribuição de EFNs
1.	Apocináceas	Vinca rosea L.	Pedúnculo			Poro moldado	-	Uniforme
2.	Araceae	Anthurim plowmanii croat.	Pecíolo			Poro moldado	-	Emparelhado
3.	Balsamináceas	Impatiens balsamina L.	Superfície abaxial da folha na lâmina			Perseguido e abotoado-moldado		Emparelhado
4.	Bignoniaceae	Kigeliaafricana (Lam.) Benth.	Fruta			Botão-moldado		Uniforme
5.	Bignoniaceae	Tecoma stans (L.) Juss. ex Kunth	Cálice			Fosso moldado	-	Uniforme
6.	Cactáceas	Opuntia littoralis (Engelm.) Cockerell	Areola			Em forma de poro	-	Dispersos

7.	Convoluvalaceae	Ipomoea carnea Jace.	Superfície abaxial da folha na nervura central, base do cálice	Em forma de poro	-	emparelhado/ Uniforme
8.	Convoluvalaceae	Ipomoea cairica Que bom.	Base da folha, cálice	Poro moldado	-	Emparelhado/ Uniforme
9.	Convoluvalaceae	Ipomoea aquatica Forssk.	Superfície abaxial da folha perto da parte inferior da nervura central, cálice	Em forma de poro	-	Emparelhados/ uniformes
10.	Convoluvalaceae	Ipomoea batatas (L.) Lam.	Base da folha	Poro moldado	-	Emparelhado
11.	Cucurbitáceas	Momordica charantia L.	Superfície abaxial de folha	Poro moldado	-	Uniforme
12.	Cucurbitáceas	Lagenaria siceraria (Molina) Standl.	Perto da base da folha	Em forma de botão		Emparelhado
13.	Cucurbitáceas	Coccinia grandis (L.) Voigt	Superfície abaxial de folha	Poro moldado	-	Uniforme
14.	Cucurbitáceas	Cucurbitapepo L.	Superfície abaxial da folha	Stalk-moldado		Uniforme
15.	Cucurbitáceas	Luffa acutangula (L.) Roxb.	Superfície abaxial da folha, bráctea , bractéolas, flor botão, cálice	Em forma de poro		Uniforme / disperso
16.	Cucurbitáceas	Luffa aegyptiaca Moinho.	Superfície abaxial da folha, bráctea , bractéolas, flor botão, cálice	Em forma de fossa e poro		Uniforme /Dispersos
17.	Combretáceas	Terminalia catappa L.	Superfície adaxial da folha na nervura central e veia secundária	Em forma de poro	-	Emparelhado/Escolhido
18.	Euphorbiaceae	Ricinus communis L.	Superfície abaxial da base da folha, inflorescência de pedúnculo, pecíolo	Em forma de botão		Emparelhado/Escolhido

19.	Euphorbiaceae	Chrozophora rottleri (Geiseler) A.Juss.ex Spreng	Superfície abaxial da folha	Em forma de fosso	-	Emparelhado
20.	Euphorbiaceae	Croton sp.	Pecíolo	Poro moldado	-	Uniforme
21.	Euphorbiaceae	Euphorbia heterophylla L.	Caule, cálice	Pitand Pore - moldado		Uniforme / Disperso
22.	Euphorbiaceae	Croton bonplandianus Baill.	Superfície abaxial da folha na nervura central	Em forma de fosso	-	Emparelhado
23	Fabáceas	Cassia occidentalis L.	Região interpetolar	Em forma de fosso	-	Individual
24.	Fabáceas	Cassia hirsuta L.	Perto do gomo axilar	Fosso e em forma de botão		Individual
25.	Fabáceas	Albizia amara (Roxb.) Boiv.	Pecíolo	Poro moldado	-	Individual
26.	Fabáceas	Albizia ebbeck (L.) Benth.	Pecíolo, último par de folhas paripinadas folhetos compostos.	Em forma de fosso	-	Individual /disperso
27.	Fabáceas	Vigna mungo (L.) Hepper	Pedúnculo	Poro moldado	-	Dispersos
28.	Fabáceas	Vigna radiata (L.) R.Wilczek	Pedúnculo	Poro moldado	-	Uniforme
29.	Fabáceas	Vigna unguiculata (L.) Walp.	Pedúnculo	Em forma de poro	-	Dispersos
30.	Fabáceas	Vigna trilobata (L.) Verdc	Pedúnculo	Poro moldado	-	Dispersos
31.	Fabáceas	Vigna sp.	Pedúnculo	Poro moldado	-	Dispersos
32.	Fabáceas	Dolichos lablab L.	Pedúnculo	Em forma de poro	-	Dispersos
33.	Fabáceas	Dolichos lablab var. typicus L.	Pedúnculo	Em forma de poro	-	Dispersos

34.	Fabáceas	Delonix regia (Boj. ex Ganch Raf. o).	Quase o último par de compostos paripinadas folhetos, no pecíolo	Em forma de botão		Dispersos
35.	Fabáceas	Samanea saman (Jacq.) Merr.	Parte inferior do pecíolo	Fosso moldado	-	Uniforme
36.	Fabáceas	Samenea sp. 1	Pecíolo	Em forma de fosso	-	Individual
37.	Fabáceas	Samanea sp. 2	Pecíolo, último par de folhas paripinadas folhetos compostos.	Em forma de fosso	-	Dispersos
38.	Fabáceas	Acácia baileyana	Pecíolo	Fosso	-	Individual
		F. uell		moldado		
				e Pore	-	
				moldado		
39.	Fabáceas	Acacia auriculiformis A. Cunn. ex Benth.	Pecíolo	Em forma de poro	-	Individual
40.	Fabáceas	Prosopis juliflora (Sw.) DC.	Parte inferior do pecíolo	Botão-moldado		Uniforme
41.	Fabáceas	Abrus precatorius L.	Pedúnculo	Poro moldado	-	Dispersos
42.	Fabáceas	Tamarindo indica L.	Superfície abaxial dos folhetos	Poro moldado	-	Dispersos
43.	Fabáceas	Leucaena leucocephala (Lam.) de Wit	Região interpetolar	Em forma de fosso	-	Individual
44.	Fabáceas	Desmanthus (L.) virgatus Willd.	Pecíolo	Em forma de fosso	-	Individual
45.	Lamiaceae	Ocimum gratissimum L.	Caule	Poro moldado	-	Individual
46	Lamiaceae	Clerodendrum bungei Stud.	Superfície abaxial da folha perto da nervura central	Em forma de poro	-	Uniforme
47.	Lamiaceae	Gmelina asiaticaL.	Cálice	Em forma	-	Uniforme

				de poro	
48.	Liliaceae	Lilium longiflorum Thunb.	Cálice	Em forma de poro -	Dispersos
49.	Malvaceae	Hibiscus cannabinus L.	Superfície abaxial da folha na nervura mediana, pecíolo e cálice, botão de flor	Em forma de poro -	Uniforme
50.	Malvaceae	Hibiscus rosa-sinensis L.	Superfície abaxial da folha sobre as nervuras	Em forma de poro -	Uniforme / Individual
51.	Malvaceae	Gossypium hirsutum L.	Superfície abaxial da folha na nervura central, no epiciclo	Fosso e em forma de poro	Individual
52.	Malvaceae	Thespesia sp. 1	Superfície abaxial da folha, cálice	Fenda-moldado	Dispersos
53.	Malvaceae	Thespesia sp. 2	Superfície abaxial da folha	Em forma de fenda	Uniforme
54.	Malvaceae	Ceiba pentandra (L.) Gaertn.	Base da folha digitada E a base do pecíolo, caule	Em forma de fosso	Individual/Escatete rizado
55.	Malpighiaceae	Malpighia emarginata(D.C)	Cálice	Em forma de botão	Uniforme
56.	Moráceas	Ficus hispida L.f.	Superfície abaxial da folha sobre as nervuras	Poros moldado	Dispersos
57.	Moringaceae	Moringa oleifera Lam.	Petiolado	Em forma de pé	Uniforme /Scattered
58.	Pedaliaceae	Sésamo indicum L.	Pedúnculo	Em forma de poço	Individual
59.	Pedaliaceae	Sésamo allatum Thonn.	Pedúnculo	Em forma de poço	Individual
60.	Passifloraceae	Turnera ulmifolia L.	Base da folha	Fosso em forma de onshort talo	Emparelhado

2.6. Síntese e Enzimas Envolvidas na EFN

Mecanismos semelhantes constituem a produção de néctar tanto na FN como na EFN. Uma enzima essencial chamada invertase da parede celular (CWIN) promove a secreção destas substâncias. A secreção de EFN aumentou em resposta ao aumento da atividade da CWIN (Canongo, 2014). Em resposta aos danos causados pela herbivoria, a CWIN faz com que as plantas que sofrem lesões físicas segreguem mais EFN. O transportador de açúcar SWEET9 e a sacarose fosfato sintase são enzimas adicionais que afectam a secreção. Enquanto a sacarose é libertada pela CWIN, a sacarose fosfato sintase e a sacarose sintase trabalham em conjunto no parênquima nectarífero para sintetizar o néctar. Com a ajuda da SWEET9, mais néctar é secretado para os espaços extracelulares. A invertase apoplástica hidrolisa-o ainda mais antes da sua libertação como néctar líquido. Queimar ou aparar plantas pode reduzir a secreção de EFN, e a restrição da luz solar também pode afetar a secreção de EFN. Para além destes factores, tem sido observada uma maior quantidade de EFN nas partes mais jovens da planta, bem como em espécies de plantas nativas (Heil, 2015). A regulação pós-secretora da relação sacarose: hexose nos néctares pode ser influenciada pela atividade da invertase. O seu papel principal, no entanto, parece estar dentro do sistema do néctar. Em 1954, Wyssling publicou o primeiro relatório sobre a invertase no nectário floral (Wyssling et al., 1954). Investigações moleculares recentes revelaram que os nectários florais de Arabidopsis thaliana segregam ativamente açúcar e que a invertase da parede celular (CWIN) está envolvida em ambos os processos (Ruhlmann et al., 2010). Além disso, a expressão e a atividade da CWIN nos nectários extraflorais de Acacia cornigera e Ricinus communis correspondem ao padrão diurno da secreção de EFN. O pico de atividade da CWIN ocorreu duas horas antes do pico de secreção de EFN, indicando que a atividade da CWIN desempenha um papel crucial neste processo fisiológico (Orona-Tamayo et al.,2013; Canongo et al., 2014). Uma vez que a CWIN desempenha um papel fundamental na conversão de hidratos de carbono que permitem às plantas compensar a herbivoria, algumas plantas respondem à herbivoria, muito provavelmente de uma forma dependente de JA (Arnold et al., 2004). Existe uma possível explicação molecular para a indução da secreção de néctar dependente de JA com base na reatividade da CWIN a JA? De facto, uma das muitas semelhanças que o néctar floral e extrafloral partilham é que, de acordo com Brassica napus, até o néctar floral reage ao JA (Radhika et al., 2010). JA (Canongo et al., 2014) estimulou a atividade de CWIN nos nectários extraflorais de Ricinus communis. Assim, a atividade responsiva ao JA de uma enzima centralmente importante, a CWIN, é provavelmente a principal causa da indução dependente de JA da secreção de EFN por herbivoria.

2.7. Fisiologia da EFN

Muitas plantas localizam as suas EFNs nos tecidos que mais necessitam de proteção, que são tipicamente as folhas em crescimento. No entanto, os EFNs também são encontrados em frutos, estípulas, brácteas ou pedicelos que contêm as flores, flores (fora da corola), pecíolos (Bentley, 1977a; Baker et al., 1978; Elias, 1983; Beattie, 1985). Os nectários extra-florais diferem na sua construção, desde algumas células até órgãos completamente formados que se assemelham a taças, bem como na sua forma e fisiologia. A acumulação de néctar nestes locais causa um pequeno intervalo entre a epiderme e a camada subjacente de células, que é a única diferenciação celular que distingue os EFNs de outros tecidos vegetais (Elias, 1983). Os açúcares são sintetizados apenas durante o dia e armazenados como amido, que é hidrolisado se o néctar for necessário durante a noite, porque o EFN provém frequentemente do fotossintato das células vizinhas. As EFN vascularizadas têm frequentemente um tamanho maior do que a variante não vascularizada e têm uma estrutura mais homogénea. Os EFNs vascularizados estão normalmente ligados tanto ao floema como ao xilema.

2.8. Composição nutricional da EFN

Os mono e di-sacáridos são os principais componentes nutricionais da FEN, sendo a maioria dos açúcares das espécies composta principalmente por glucose, frutose e sacarose (Bowden, 1970; Elias e Gelband, 1975; Yokoyama, 1978; Caldwell e Gerhardt, 1986; Heil et al., 2000; Wackers, 2001). Os micronutrientes e os aminoácidos também estão normalmente presentes na EFN. De acordo com numerosos estudos (Keeler, 1977, 1980; Baker et al., 1978; Pickett e Clark, 1979; Caldwell e Gerhardt, 1986; Heil et al., 2000;), a serina é um dos aminoácidos mais abundantes no EFN. Além disso, o EFN das plantas contém mais de 22 outros aminoácidos, incluindo todos os aminoácidos requeridos pelos insectos. Em comparação com o néctar floral, o EFN era geralmente mais rico em cisteína, lisina, isoleucina, triptofano, metionina e valina. Em comparação com o néctar floral, é muito mais provável que as plantas deixem os visitantes beber o seu EFN, uma vez que este está menos protegido quimicamente. No entanto, algum EFN contém compostos secundários, tais como taninos (Knapheisowna, 1927) e fenólicos (Keeler, 1977). De acordo com um estudo, os aminoácidos não proteicos são, de facto, mais comuns no EFN do que nos seus equivalentes florais (Baker et al., 1978): 75 por cento das espécies em estudo possuíam EFN que continham aminoácidos não proteicos. As soluções aquosas conhecidas como nectários extraflorais são compostas principalmente por sacarose, glucose e frutose, embora algumas espécies possam também conter açúcares adicionais, aminoácidos e outras substâncias químicas. A maioria dos açúcares segregados provém do floema ou é produzida na zona do néctar. Pequenas quantidades de néctar são segregadas ao longo do dia por nectários extraflorais.

2.9. Néctar extrafloral nas culturas de pomar

Uma aplicação potencial do EFN em programas de controlo biológico é nas culturas de pomar. Os ecossistemas de pomares possuem a capacidade de manter populações de insectos benéficos devido ao tempo de vida das plantas e à falta de perturbação em comparação com outros contextos agrícolas. Em pomares, também é viável intercalar espécies produtoras de EFN que sustentam inimigos naturais com pouca ou nenhuma perda para a cultura principal. Verificou-se que os escaravelhos predadores, por exemplo, proliferam em pomares de nozes pecan quando a ervilhaca peluda, Vicia villosa, é utilizada como cultura de cobertura de estação fria. Outras plantas que produzem EFN, como o feijão-frade (Vigna unguiculata) e o girassol (Helianthus annuus), demonstraram potencial como culturas de cobertura de estação quente para nogueiras pecan que poderiam melhorar o controlo biológico e dar aos produtores outra fonte de rendimento (Bugg e Dutcher, 1989). As espécies comercialmente significativas estão taxonomicamente dispersas, e muitas espécies de árvores produzem EFN.
A borracha (Euphorbiaceae) (Wyssling, 1933), o mogno (Meliaceae) (Lersten e Rugenstein, 1982; Peng et al., 2010) e o caju (Anacardiaceae) (Rickson, 1998) têm sido relatados como

apresentando nectários extraflorais; no entanto, a família Rosaceae tem sido a mais extensivamente investigada nesta área. Várias espécies amplamente cultivadas da família Rosaceae, como o pêssego Prunus persica (Mathews, Brown e Bottrell, 2007; Mathews e Brown, 2009), a amêndoa Prunus dulcis (Limburg e Rosenheim, 2001) e a cereja Prunus avium (Yee, 2008), geram EFN em grandes quantidades. Por exemplo, foi observado que a EFN sustenta Chrysoperla plorabunda, o crisopídeo omnívoro, em pomares de amendoeiras (Limburg e Rosenheim, 2001). As larvas de crisopídeos de primeiro ínstar foram capazes de viver mais tempo e permanecer muito activas na sua procura de alimentos quando a EFN estava presente (Limburg e Rosenheim, 2001). Mais investigação tem sido feita sobre o néctar extrafloral em pêssegos, e os resultados de vários estudos (Mathews, 2005; Mathews et al., 2007; Mathews, Bottrell e Brown, 2009, 2011) mostram como o EFN é crucial para a proteção das plantas nesta cultura de pomar.

Pessegueiros de uma única cultivar com um fenótipo com e sem nectarídeos foram comparados por Mathews et al. (2009). As árvores com EFNs exibiram densidades herbívoras mais baixas e densidades mais elevadas de formigas defensivas no primeiro ano após a plantação do que as árvores sem EFNs. Além disso, as árvores com EFNs mostraram uma folivoria reduzida, um melhor crescimento do tronco e, mais importante, um aumento da produção de frutos. De acordo com Mathews et al. (2009), nos anos seguintes, as árvores com EFNs geraram três vezes mais gemas do que aquelas sem EFNs, e também sustentaram comunidades de artrópodes mais variadas. Foi demonstrado que os pessegueiros com EFNs tinham menos pragas da traça-da-fruta oriental, Grapholita molesta, economicamente significativas (Mathews et al., 2007; Mathews, Bottrell e Brown, 2011).

Significativamente, Grapholita molesta causou 90 por cento de redução de danos aos frutos em árvores com EFNs, sugerindo que EFN em pomares de pêssego protege os frutos e reduz a herbivoria foliar (Mathews et al., 2007). Estes resultados demonstram a possibilidade de os programas de produção de pêssego adoptarem o controlo biológico e minimizarem a utilização de pesticidas, bem como a importância de escolher cultivares de pêssego que produzam EFN. Dado que o pêssego é uma cultura enxertada, a seleção de plantas pode também visar as EFN. Os pêssegos podem ser uma planta útil para cultivar com outras culturas em pomares. Com diferentes graus de sucesso, foram feitas várias tentativas para utilizar pêssegos produtores de EFN para melhorar o controlo biológico das maçãs (Spellman et al., 2006; Brown e Mathews, 2007; Brown et al., 2010). Estas investigações demonstram o desafio de determinar o impacto exato da EFN no controlo biológico e sublinham a necessidade de mais investigação exaustiva e a longo prazo.

Utilizando plantas de ervilha e maçãs numa estufa, Spellman et al. (2006) pretendiam melhorar o controlo biológico dos afídeos da espiraea, Aphis spiraecola. Contrariamente à crença popular, a capacidade do escaravelho predador Harmonia axyridis para controlar os afídeos nas maçãs foi efetivamente diminuída na presença de pêssegos. Neste caso, parece que o EFN desviou a atenção dos escaravelhos da sua refeição de pulgões. No entanto, se a experiência tivesse sido realizada num ambiente de campo, o EFN poderia ter atraído mais predadores ou apoiado populações de predadores durante períodos de baixa disponibilidade de presas (Stapel et al. 1997). Os predadores podem ter sido atraídos para os pomares pelo néctar extrafloral antes das pragas, acelerando o tempo de resposta defensiva (Mathews, 2005). Mas uma investigação de curto prazo em estufa não conseguiu captar nenhum destes impactos.

Utilizando pêssegos produtores de EFN em pomares de macieiras, Brown et al. (2010) procuraram aumentar as taxas de parasitismo de Platynota idaeusalis, a traça-dos-botões da macieira. O número de parasitóides (Coniozus floridanus) foi aumentado pela presença de pessegueiros, embora as taxas de parasitismo não tenham sido afectadas de forma notável. A presença de pêssegos interplantados reduziu os danos causados aos frutos da macieira por uma variedade de herbívoros diferentes, mesmo quando a supressão da traça dos botões da macieira não foi bem sucedida (Brown et al., 2010).

Neste estudo, um resultado importante e inesperado foi possível graças aos dados recolhidos sobre outras variáveis para além das espécies-alvo. Estudos futuros sobre a função do EFN no controlo biológico beneficiarão muito com isto, pois ensina-nos que, como qualquer modificação do habitat, os impactos do EFN são melhor compreendidos no contexto de toda a comunidade. O cajueiro, Anacardium occidentale, é uma espécie de pomar fora das Rosaceae que tem atraído muito interesse em termos da sua produção de EFN. O EFN é produzido pelos cajueiros através de estomas na curva interior das castanhas, folhas, brácteas e sépalas em desenvolvimento (Rickson e Rickson, 1998).

De acordo com Tillman (1978) e Fiala e Maschwitz (1992), a planta oferece às formigas um "banquete móvel", fazendo com que elas mudem temporariamente seus padrões de caça para locais onde é mais provável que encontrem suas presas. Numerosos estudos examinaram as interacções entre o cajueiro e as formigas tecelãs, ou Oecophylla spp. e a possibilidade de utilizar estas interacções para a gestão de pragas foi investigada numa vasta área geográfica (Peng et al., 1995; Dwomoh et al., 2009; Olotu et al., 2013; Peng et al., 2014; Anato et al., 2015). Nas plantações de caju australianas, a formiga tecelã, Oecophylla smaragdina, tem sido associada a um declínio das principais espécies de pragas (Peng, Christian e Gibb, 1995). Nas plantações de caju vietnamitas, Peng et al. (2014) também utilizaram a manipulação da formiga tecelã.A presença de formigas diminuiu os danos causados por uma variedade de pragas económicas significativas e, no caso da broca da castanha, da broca azul e do mosquito, as formigas ofereceram um nível de controlo comparável ao obtido com a utilização de insecticidas. Os efeitos das formigas tecelãs nas explorações de caju no Benim foram investigados por Anato et al. (2015). As formigas não só aumentaram a produção de castanhas, como também os seus benefícios foram reforçados pela solução de sacarose a 30 por cento que forneceram como subsídios alimentares. Os maiores rendimentos de nozes foram obtidos quando as formigas foram incluídas num programa de gestão integrada de pragas que também incluía a pulverização pontual de pesticidas (Anato et al., 2015).
A utilização de formigas como agentes de controlo biológico em culturas arbóreas não é de modo algum um desenvolvimento recente. A manipulação de formigas Oecophylla tem sido uma prática corrente nas plantações de citrinos chinesas nos últimos 1500 anos (Huang e Yang, 1987; Rickson, 1998). Na Papua-Nova Guiné, a formiga louca, Anopllepis gracilipes, é utilizada há muito tempo como agente de controlo de pragas do cacaueiro (Baker, 1972). Nos Camarões, a Wasmannia auropuncta é transportada para as plantações de cacau através de ninhos artificiais de ráfia, onde controla uma variedade de espécies de pragas (Mire, 1969). Existe uma grande promessa de utilizar interacções mediadas por EFN numa variedade de culturas de pomares para diminuir ou eliminar completamente a necessidade de pesticidas caros e prejudiciais.

2.10. Néctar extrafloral em culturas herbáceas

Reconhece-se que uma grande variedade de plantas herbáceas de uma vasta taxonomia produz EFN. Estas incluem uma série de espécies altamente significativas do ponto de vista comercial, como o inhame (Dioscoreaceae), a abobrinha (Cucurbitaceae) e a abóbora (Cucurbitaceae), todas as quais receberam um mínimo de investigação em relação à sua produção de EFN (Burkill, 1960; Nepi et al., 1996; Heil, 2015). Neste contexto, algumas espécies diferentes têm suscitado algum interesse, e algumas têm mesmo mostrado sinais de atrair insectos benéficos. O parasitoide cosmopolita de pulgões, Diaeretiella rapae, foi encontrado para ser apoiado pelo EFN produzido pelas glândulas estipulares da fava, Vicia faba (Jamont et al., 2013). Manihot esculenta, a planta da mandioca, gera EFN a partir dos seus pecíolos, o que demonstrou aumentar a ação dos predadores.

Os nectários dos pecíolos e das brácteas do maracujá, Passiflora incarnata, contêm EFNs, que dissuadem os insectos herbívoros atraindo as formigas. Numa experiência que envolveu a remoção experimental dos EFNs das videiras de maracujá, McLain (1983) descobriu que as plantas sem nectários sofreram maiores danos por herbívoros e produziram menos frutos. Tal como acontece com muitas outras plantas, a produção de EFN do maracujá é induzida por ferimentos nas suas folhas (Swift et al., 1994). Isto implica que, em reação à herbivoria, as plantas podem aumentar a defesa contra formigas (Koptur, 1989; Agrawal e Rutter, 1998).

Poucas culturas comerciais adicionais foram investigadas neste contexto, apesar do facto de se saber que várias outras produzem EFN. As duas espécies de culturas significativas que receberam mais atenção são os temas desta secção. São elas o feijão-de-lima, Phaseolus lunatus (Fabaceae), e o algodão, Gossypium hirsutum (Malvaceae) (Heil, 2004; Kost e Heil, 2005; Balhorn et al., 2007; Radhika et al., 2008; Blue et al, 2015), bem como o algodão, (Spreckels et al., 1997; Wackers e Wunderlin, 1999; Rudgers, 2004; Rudgers e Gardener, 2004; Spree, Lewis e Tumlinson, 2006; Hagen Bucher et al., 2013). No que diz respeito à ecologia da sua EFN, o algodão (Gossypium) é uma das plantas mais investigadas (Weckers e Bonifay, 2004; Hagenbucher et al., 2013). Também oferece algumas das mais fortes evidências de que o EFN se desenvolveu para atrair formigas defensivas. Com exceção de duas espécies, todas as espécies de Gossypium produzem néctar extrafloral (Fryxell, 1979).

Gossypium tomentosum, a primeira destas espécies de algodão nectaríneo, é originária do Havai (Fryxell, 1979), uma região do mundo sem formigas nativas (Wilson, 1996). De acordo com Wackers e Bonifay (2004), a segunda espécie, Gossypium gossypioides, desenvolve-se a grandes altitudes onde a atividade das formigas é significativamente reduzida. Foi demonstrado que a produção de EFN nas espécies de algodão que o produzem é induzida tanto pela herbivoria acima como abaixo do solo. Além disso, a teoria da defesa óptima prevê que a produção de EFN é aumentada nos tecidos vegetais mais valiosos e vulneráveis (Wackers e Bonifay, 2004).

Foi demonstrado que as formigas diminuem a herbivoria e aumentam a produção de sementes no algodão selvagem, Gossypium thurberi (Rudgers, 2003). Para além das formigas, foi observado que a abundância de outros insectos benéficos aumenta em plantas de algodão que foram tratadas com EFNs (Schuster et al., 1976; Henneberry et al., 1977; Maafo e Wilson, 1983; Maafo et al., 1983). De acordo com estudos efectuados por Stapel et al. (1997) e Rose et al. (2006), a vespa parasitoide Microplitis croceipes foi mais eficaz contra Gossypium hirsutum quando a EFN estava presente. Também foi observado que outros consumidores de

EFN, como os ácaros predadores, diminuem a herbivoria no algodão (Agrawal et al., 2000; Hagenbucher et al., 2013).

Um número comparativamente pequeno de investigações concentrou-se em espécies economicamente cultivadas em contextos agrícolas reais, apesar da evidência esmagadora de que a EFN é uma defesa eficiente das plantas no algodão. As poucas investigações deste género identificaram um custo ecológico comum da produção de EFN. A EFN pode ser utilizada como fonte de alimento tanto por insectos benéficos como por herbívoros. Observou-se que populações maiores de herbívoros são suportadas por cultivares de algodão com EFN em ambientes agrícolas, em comparação com cultivares sem EFN (Lukefahr e Rhyne, 1960; Lukefahr et al., 1965; Schuster et al., 1976; Henneberry et al., 1977; Maafo e Wilson, 1983; Scott et al., 1988).

As técnicas de gestão dos solos provocam frequentemente a diminuição das populações de formigas e de outros insectos benéficos nos ecossistemas agrícolas. Por esta razão, qualquer tentativa de aplicar EFN à gestão de pragas agrícolas deve ter em conta o ambiente ecológico. A fim de estudar o significado ecológico da EFN, as leguminosas perenes têm sido frequentemente utilizadas em sistemas experimentais (Heil, 2004; Choh et al., 2006; Jones e Koptur, 2015; Koptur et al., 2015). Estas incluem espécies agrícolas comummente cultivadas, incluindo Phaseolus lunatus, o feijão-de-lima (Heil, 2004; Kost e Heil, 2005; Balhorn et al., 2007; Radhika et al., 2008; Blue et al., 2015), e feijão-frade (feijão-frade), Vigna unguiculata (Pate et al., 1985). De acordo com vários estudos (Heil, 2004; Kost e Heil, 2005; Radhika et al., 2008), a EFN é uma defesa induzível eficiente contra herbívoros no feijão-de-lima.

Quando Kost e Heil (2005) pulverizaram néctar artificial em plantas de feijão-lima, descobriram que as plantas testadas atraíram mais formigas, moscas predadoras e vespas parasitas do que as plantas de controlo. Além disso, como resultado, as plantas de tratamento sofreram menos danos de herbívoros. Heil (2004) descobriu que a fito-hormona ácido jasmónico podia ser utilizada para promover a produção de EFN em feijão-lima, e que, em circunstâncias naturais, isto conduzia a menos danos causados por herbívoros. Nunca houve uma tentativa de utilizar ou modificar a EFN na produção de feijão-de-lima ou de algodão, apesar da sua clara promessa. Isto é especialmente inesperado no caso do feijão-lima, uma vez que foi demonstrado que a modificação da síntese de EFN melhora a defesa das plantas (Heil, 2004). As razões subjacentes à falta de aplicação dos nossos conhecimentos sobre a EFN na gestão de pragas agrícolas são aqui examinadas, juntamente com potenciais soluções.

3. DIVERSIDADE DE EFN E A SUA TEORIA CLÁSSICA DE DEFESA DAS PLANTAS

3.1. EFN como traço de defesa ideal

Os padrões espácio-temporais da secreção de EFN e o facto de a secreção de EFN poder ser desencadeada em resposta à herbivoria fornecem mais provas do papel predominantemente defensivo da EFN. A caraterística de defesa indica que as plantas devem, idealmente, concentrar as suas defesas nas partes mais valiosas e vulneráveis do seu corpo, uma vez que acredita que a defesa das plantas é dispendiosa (McKey, 1974 e 1979; Rhoades, 1979). Pensa-se que a secreção de EFN tem consequências fisiológicas mínimas (Katayama e Suzuki, 2011). No entanto, estas previsões são inesperadamente bem cumpridas pela EFN e pelos voláteis induzidos por herbívoros, que fornecem um mecanismo de defesa indireto adicional (Heil, 2008). As folhas mais jovens libertam voláteis induzidos por herbívoros com mais frequência do que as folhas mais velhas, e a EFN é mais produzida nas folhas jovens, nas partes reprodutivas e nos frutos em desenvolvimento (Stephenson, 1982; Radhika et al., 2008; Rostas e Eggert, 2008; Holland et al., 2009; Paiva e Martins, 2014).

3.1.1. EFN é um traço fenotípico de defesa

A inducibilidade da secreção de EFN por herbivoria, danos mecânicos ou aplicação exógena da hormona de ferida ácido jasmónico (JA) foi descrita para espécies nas famílias Bignoniaceae, Euphorbiaceae, Fabaceae, Malvaceae, Rosaceae e Salicaceae dez anos após ter sido descoberta pela primeira vez (Koptur, 1989; Wunderlin et al., 1997; Heil et al., 2001; Wackers et al., 2001;). A indutibilidade da EFN por herbivoria ou mímicas análogas parece ser uma caraterística comum, apesar de não ter sido encontrada qualquer resposta à herbivoria ou a lesões mecânicas em mirmecófitos obrigatórios de Acacia (Heil M, 2004), numerosas Inga spp. (Bixenmann et al., 2011), ou choupo híbrido (Populus tremula × Populus tremuloides) (Escalante-Perez et al., 2012). Os padrões de secreção de EFN são significativamente mais complexos do que se pensava anteriormente, de acordo com investigações recentes. A herbivoria induz a secreção de EFN, mas o processo de indução varia em função do tipo de gatilho indutor (por exemplo, danos mecânicos versus danos naturais), do tipo e da ontogenia do órgão vegetal afetado (Radhika et al., 2008; Holland et al., 2010; Villamil et al., 2013), da história de vida da planta (Heil M, 2004), e mesmo da natureza do atacante (Katayama et al., 2013; Newman e Wagner, 2013; Wang et al., 2013). Os herbívoros têm a capacidade de desencadear diretamente a produção de EFN, e os voláteis induzidos por herbívoros também podem ser expostos a plantas não danificadas (Choh et al., 2006; Kost e Heil, 2006). Estes voláteis não só têm efeitos indutores, como também podem preparar a planta para libertar mais EFN e mais rapidamente em resposta a um ataque do que as plantas que não foram preparadas (Choh et al., 2006; Heil e Silva, 2007). A última descoberta, em particular, que mostra que os simbiontes microbianos da planta podem obstruir esta caraterística de defesa indireta, acrescenta um nível adicional de complexidade à secreção de EFN. Finalmente, algumas espécies de plantas (Escalante et al., 2012), mas não todas (Cardoso et al., 2013), podem reabsorver o EFN quando este não é digerido. Por conseguinte, a fim de prever as tendências gerais da secreção de EFN e a sua resposta aos estímulos bióticos e abióticos mais essenciais, é necessária mais investigação que analise metodicamente muitas espécies de plantas em contextos experimentais definidos com precisão. Os mecanismos moleculares que influenciam a síntese dos componentes da EFN e a sua secreção devem, no entanto, ser identificados, para que possamos compreender plenamente a secreção de EFN.

3.2. EFN na proteção das culturas

Como indicado anteriormente, vários estudos descobriram que o consumo de EFN tem um efeito líquido positivo em organismos de biocontrolo como parasitóides e ácaros predadores, e a secreção de EFN é uma caraterística partilhada pela maioria das plantas domesticadas. Especificamente, numerosos estudos examinaram a secreção de EFN do algodão (Rudgers e Gardener, 2004). Os ácaros predadores e outros consumidores de EFN podem reforçar a resistência do algodão contra herbívoros, e a EFN pode aumentar a eficiência com que os parasitóides procuram e parasitam a planta (Stapel, 1997). Além disso, várias culturas e plantas de pomar, especificamente as das famílias Cucurbitaceae (abóbora, abobrinha), Euphorbiaceae (mandioca), Fabaceae (feijão, ervilha) e Rosaceae (amêndoa, pêssego, cereja), também libertam EFN. A investigação efectuada em pêssegos (Prunus persicae) revelou uma correlação entre taxas de herbivoria mais baixas e maior produtividade (Mathews et al., 2009). Uma área de nidificação construída para as formigas aumentou a pressão de predação sobre as pragas do café (Coffea arabica) (Philpott e Foster, 2005). Os parágrafos mencionados anteriormente também demonstraram que uma defesa eficaz mediada por EFN é ativa contra uma variedade de pragas e não necessita de coevolução entre a planta e o predador. Por último, mas não menos importante, mesmo os artrópodes categorizados como carnívoros puros, tais como parasitóides, ácaros predadores e aranhas, consomem frequentemente EFN, pelo menos em parte durante a fase adulta, e obtêm energia extra que aumenta a sua longevidade e eficácia como parasitas ou predadores. Então, porque é que os regimes de biocontrolo padrão não incluem interacções tritróficas mediadas por EFN como um componente fundamental? O facto de a maioria das técnicas de reprodução de plantas não ter tido em conta o controlo de cima para baixo pode ser um problema grave. De facto, em muitos casos, o melhoramento pode ter prejudicado as interacções benéficas das culturas com o terceiro nível trófico. Verificou-se, por exemplo, que as cultivares comerciais de algodão emitem sete vezes menos voláteis induzidos por herbívoros do que uma linha autóctone (Loughrin et al., 1995). Linhas sem nectaril também foram propositadamente criadas no algodão, uma vez que se pensava que os insectos atraídos pelo EFN seriam prejudiciais (Bleil et al., 2011). Embora a maioria dos programas de melhoramento não visasse especificamente a redução dos efeitos descendentes, o melhoramento nem sempre resultou numa redução das defesas indirectas das culturas. Benrey, observou que várias cultivares de Phaseolus e Brassica não apresentavam uma redução dos voláteis. Além disso, a libertação total de voláteis das porções acima do solo do milho cultivado (Zea mays) corresponde ao seu antepassado selvagem em termos de semelhança quantitativa (Gouinguene, 2001).

É possível restaurar algumas das características das nossas culturas que foram contra seleccionadas pelos programas de melhoramento convencionais, privando-as do potencial crucial dos mecanismos de controlo descendentes, embora faltem estudos sistemáticos sobre o impacto do melhoramento na secreção de EFN. A dependência do contexto é uma barreira significativa à aplicação consistente das interacções tritróficas na agricultura, e é preciso mais trabalho do que simplesmente identificar linhas que transportam um determinado gene de resistência para criar simultaneamente um melhor biocontrolo baseado na secreção de EFN e uma resistência tradicional às pragas. Além disso, enquanto as grandes empresas agrícolas e os criadores se esforçarem por evitar 100% das infestações, as técnicas que utilizam a gestão descendente das pragas enfrentarão problemas significativos de aceitação: Normalmente, os inimigos não são totalmente eliminados dos sistemas através da utilização destas tácticas mais orgânicas. Por outro lado, o EFN é barato de criar, ocorre naturalmente numa grande variedade de espécies domesticadas e é diretamente útil para numerosos insectos benéficos. Uma desvantagem significativa pode ser a falta de populações estáveis de parasitóides naturais, formigas ou outros predadores em ambientes agrícolas modernos. Uma opção interessante a investigar poderia ser a plantação de plantas portadoras de EFN ao longo das fronteiras dos campos (Geneau et al., 2012). Semelhante a isto, a plantação de culturas produtoras de EFN juntamente com a libertação ativa de artrópodes vantajosos, ou a cultura intercalar com espécies que segregam EFN. Neste caso, o EFN poderia manter populações estáveis de agentes de biocontrolo na área agrícola, mesmo em períodos sem pragas.

3.3. Efeito do néctar EF na diversidade e no número de artrópodes

As plantas podem atrair uma grande variedade de visitantes com EFN. Depois de rever os dados existentes, calculámos o número médio de espécies de formigas por cada espécie de planta com néctar de EF. Esta constatação implica que as assembleias de formigas variadas, em comparação com as homogéneas, são frequentemente acolhidas pelo néctar EF (Rico, 1993). Foram identificados diversos visitantes, incluindo taxa herbívoros, parasitas e polinizadores em pelo menos 10 ordens de artrópodes, apesar de os registos actuais serem insuficientes para permitir um levantamento comparável de artrópodes não-formigas (Koptur, 1992).

Em comparação com as plantas que não têm nectários, as que têm néctar EF podem ser capazes de suportar uma maior diversidade ou quantidade de artrópodes através do fornecimento de hidratos de carbono. Os afídeos formadores de galhas (Pemphigus betae) são um exemplo análogo; produzem melada, o que aumenta a riqueza de espécies e a quantidade de artrópodes na madeira de algodão em comparação com os conspecíficos sem afídeos (Dickson e Whitham, 1996). Não há muitas provas de que o néctar EF tenha efeitos comparáveis ao nível da comunidade. Em contraste com as linhagens quase isogénicas (ou relacionadas) com menos néctar, foram descobertas abundâncias mais elevadas de herbívoros, parasitóides e predadores não-antígenos em plantas com nectários EF em algodão cultivado (Gossypium hirsutum) (Henneberry et al., 1977, Adjei e Wilson, 1983).

Em um exemplo relacionado, pulgões produtores de melada (Chaitophorus populicola), que eram tratados por formigas, diminuíram a diversidade e o número de espécies de artrópodes em árvores de algodoeiro em comparação com árvores específicas sem mutualismo (Wimp e Whitham, 2001). Esses resultados contraditórios entre algodão cultivado e nativo e entre pulgões em algodoeiro enfatizam a necessidade de mais pesquisas sobre a função do néctar de EF na organização das assembléias de artrópodes. Quando a abundância de formigas é baixa ou esses artrópodes são capazes de resistir à exclusão competitiva das formigas, esperamos que a diversidade de artrópodes aumente e m resposta à disponibilidade de néctar. Os conjuntos de plantas com néctar têm atraído ainda menos atenção sobre os seus efeitos nos artrópodes do que as espécies de plantas isoladas. No entanto, os resultados sugerem que os ambientes que fornecem néctar EF podem produzir ilhas com uma elevada densidade e diversidade de artrópodes. Por exemplo, nas florestas da Coreia do Sul, a abundância de plantas com nectários EF provocou um ligeiro aumento do parasitismo da traça-das-galhas (Lymantria dispar) (Pemberton e Lee, 1996). Isso sugere que ou mais parasitóides ocorrerão em áreas com níveis mais altos de néctar EF ou que os parasitóides podem mudar seu comportamento (por exemplo, atacar mais mariposas) em locais com níveis mais altos de néctar EF. Da mesma forma, no Nebraska (Keeler, 1980) e na Florida, EUA, a riqueza de espécies de formigas teve uma associação positiva com a percentagem de vegetação que incluía plantas com néctar.

É possível que a distribuição espacial do néctar de EF nas comunidades possa facilitar a coabitação de espécies, impedindo que um único artrópode controle a fonte de alimento (Bluthgen et al., 2000). As experiências de manipulação de recursos de néctar de EF a nível comunitário não foram realizadas fora dos ambientes agrícolas (cultivares de algodão com e sem néctar, por exemplo). De acordo com Atsatt e O'Dowd (1976), a plantação de plantas com nectários ao lado de culturas sem nectários tem sido eficaz para atrair agentes de controlo biológico para os agroecossistemas. No entanto, será que os nectários de EF são tão atractivos para os artrópodes em redes alimentares naturais mais complexas? A manipulação do néctar de EF (para além das espécies de plantas) pode revelar se este recurso influencia a diversidade ou a abundância de artrópodes.

3.4. Diversidade de inimigos naturais em plantas que contêm EFN

Plantas em mais de 100 famílias exsudam néctar extrafloral para formar mutualismos de alimento-para-proteção com formigas, de acordo com Hernandez et al. (2018). Para atrair as formigas generalistas, as plantas-formigas facultativas libertam EFN numa reação que depende do ácido jasmónico. As maiores comunidades de artrópodes benéficos são suportadas por plantas de algodão com EFNs (Schuster et al., 1976; Maafo e Wilson, 1983). Estas plantas podem também afetar positivamente vários parâmetros da história de vida de predadores e parasitóides que se alimentam de néctar (Lindgren e Lukefahr, 1977; Schuster e Calderon, 1986). Em comparação com pessegueiros sem secreção de EFN, Mathews et al. (2011) verificaram que os pessegueiros com EFNs tinham concentrações mais elevadas de inimigos naturais, como Formica nitidiventris Emery e Lasius neoniger Emery, e outras espécies não formigas. Estes factores também levaram a uma diminuição da população de Grapholita molesta. Certos odores emitidos pelos nectários extraflorais e pela vespa parasitoide Microplitis croceipes podem ajudar os inimigos naturais a encontrar o seu caminho, o que aumentou quando a EFN estava presente em Gossypium hirsutum (Rose et al., 2006).

Foi observado que o investimento em nectários extraflorais contribui para o mutualismo planta-predador. Estes nectários são conhecidos por atrair predadores e parasitóides herbívoros de plantas (Bentley, 1977; Rogers, 1985; Whitman, 1994). Ao longo do ciclo de vida de uma colónia de formigas, o grau em que as formigas funcionam como predadores ou consomem hidratos de carbono fornecidos pelas plantas, tais como secreções como nectarinas extraflorais, flutua e é influenciado por uma variedade de condições ambientais (Wilder et al., 2011). O comportamento predatório das aranhas pode ser capaz de diminuir a quantidade de insectos herbívoros nas plantas, afugentando-os ou consumindo-os. Como resultado das plantas fornecerem néctar extrafloral, certas aranhas predadoras alimentam-se das próprias plantas (Pollard et al., 1995; Ruhren e Handel, 1999; Romero e Vasconcelos, 2004).

Segundo Bronstein et al. (2006), em troca da defesa da planta contra visitantes e competidores, as formigas nidificam em certas secções da planta e consomem néctar extrafloral e corpos alimentares. Estes sistemas podem ser facultativos (mirmecófilos), indicando que podem não ter uma interação estreita, ou obrigatórios (mirmecófitos), representando a associação de uma ou poucas espécies de plantas com uma ou muito poucas espécies de formigas. A predação dos herbívoros pode ser mais elevada nas plantas que produzem EFN do que nas plantas que não produzem EFN, devido ao aumento das visitas dos predadores provocado pelo fornecimento de recompensas alimentares às formigas (O'Dowd, 1982; Koptur, 1992; Heil e McKey, 2003). O EFN, que atrai as formigas, é consumido por vários insectos adultos que têm larvas herbívoras (Beach et al., 1985).

3.5. Importância dos nectários extraflorais para os artrópodes

É evidente que o néctar extrafloral é uma fonte de alimento essencial para pequenos artrópodes, como as formigas (Davidson, 1997; Bluthgen et al., 2000; Bluthgen e Fiedler, 2004; Schmid et al., 2010). Também contribui para o crescimento das colónias (Lach et al., 2009; Byk e Claro, 2010) e constitui até 90% do alimento total recolhido por algumas espécies. Tem sido postulado que o néctar extrafloral desempenha um papel na dominação ecológica global das formigas (Davidson, 1997). O néctar extrafloral é um recurso importante para as formigas. Em primeiro lugar, o néctar extrafloral é um recurso importante para as formigas, pois é muito diferente de outros alimentos, especialmente das presas animais, que são temporárias e, por vezes, difíceis de encontrar, em comparação com os NFE. Em segundo lugar, os combustíveis eficazes para a atividade das formigas são os mono e dissacarídeos (bem como quantidades vestigiais de aminoácidos) presentes no néctar extrafloral (Nicolson, 2007).

4. NECTÁRIOS EXTRAFLORAIS: FONTE DE ALIMENTO PARA OS AGENTES DE CONTROLO BIOLÓGICO

4.1. O néctar como alimento não-presa para os coccinelídeos

4.1.1. Néctar

As qualidades nutricionais e defensivas dos néctares florais e extraflorais são diferentes. Os papéis únicos que os néctares florais e extraflorais desempenham nas histórias de vida das plantas que os geram são em grande parte responsáveis por estas variações (Bentley, 1977). O néctar floral é essencial para atrair polinizadores, que são frequentemente bastante especializados, e para promover a reprodução das plantas. Por este motivo, está protegido contra o roubo de flores por não polinizadores (como os coccinelídeos). O néctar extrafloral (NEF) serve como mecanismo de defesa da planta contra a herbivoria, atraindo inimigos naturais entomófagos, como os coccinelídeos (Heil et al., 2001; Heil, 2004; Choh et al., 2006; Kost e Heil, 2006). Quando uma planta necessita de proteção contra herbívoros, produz EFN. Quando uma planta mais necessita de proteção contra herbívoros, especialmente durante o crescimento vegetativo, produz EFN. O EFN está tipicamente disponível durante um período de tempo muito mais longo do que o néctar ligado ao fluxo. Por estas razões, os coccinelídeos alimentam-se mais frequentemente de EFN do que de néctar floral.

4.1.2. Coccinelídeos que consomem néctar

Se tivessem a oportunidade, a maioria dos artrópodes entomófagos, incluindo os coccinelídeos, alimentar-se-iam de açúcar. A alimentação com néctar foi inquestionavelmente apoiada por um pequeno número de observações de coccinelídeos visitando flores (Bugg, 1987; Nalepa et al., 1992; Spellman et al., 2006). No entanto, quando se trata de nectários extraflorais (NEFs), os coccinelídeos estão frequentemente entre os visitantes mais regulares no campo (Putman, 1955; Banks, 1957; Keeler, 1978; Stephenson, 1982; Ricci et al., 2005). Isto é especialmente verdade em locais temperados primaveris, quando os coccinelídeos têm frequentemente uma escassez de presas e os EFNs são mais prevalentes em plantas emergentes (Ewing, 1913; Watson e Thompson, 1933; Rockwood, 1952). Na ausência de presas, os açúcares dos néctares constituem um alimento facilmente digerido e altamente energético que pode aumentar significativamente a sobrevivência dos coccinelídeos (Geyer, 1947; Ibrahim, 1955; Matsuka et al., 1982; Dreyer et al., 1997). Além disso, a capacidade de voo dos coccinelídeos é apoiada pela alimentação com açúcar (Nedved et al., 2001). Por último, a ingestão de açúcar pode encurtar os períodos de pré-oviposição dos coccinelídeos (Smith e Krischik, 1999) e ajudar as fêmeas a sobreviver à diapausa reprodutiva (Hagen, 1962; Reznik e Vaghina, 2006), embora a alimentação com açúcar raramente apoie a reprodução dos coccinelídeos por si só. No segundo cenário, a diminuição da densidade de presas faz com que certos coccinelídeos sofram uma mudança fisiológica, que é efetivamente uma diapausa reprodutiva induzida por tróficos. Durante estas fases de diapausa reprodutiva, os recursos nutricionais são redireccionados da reprodução para o armazenamento de gordura, e o fornecimento de açúcar pode ajudar a aumentar a sobrevivência e a diminuir a reabsorção dos ovos (Reznik e Vaghina, 2006).

4.2. Efeito dos nectários extraflorais sobre os predadores da mamona

4.2.1. Efeitos da EFN na população de predadores

Todos os predadores em Ricinus Communis, incluindo Myrmicaria brunae, Coccinellids, Vespidae, Mantidae, e Arachnidae, foram significativamente maiores e mostraram uma forte correlação positiva quando as EFNs estavam presentes. Períodos prolongados de maior disponibilidade de néctar podem ajudar os inimigos naturais a sobreviver, fornecendo-lhes energia e nutrientes, bem como aumentar as taxas de parasitismo e predação, uma vez que eles podem passar mais tempo procurando em plantas que os herbívoros atacaram. Segundo Oliveira et al. (2002), inimigos naturais que são atraídos por plantas que produzem néctar extrafloral, como predadores e parasitóides, podem localizar suas presas rapidamente. Verificaram também que as formigas são atraídas pelo néctar e que isso tem um efeito sobre a população de pragas.

De acordo com Mondal et al. (2013), durante os meses de inverno, à medida que a secreção de EFNs diminuía, diminuíam as visitas das formigas aos EFNs. Foi também durante esta altura que as plantas sofreram danos graves por escaravelhos das flores, que comem principalmente as flores e outras partes das plantas. Isto indica a maior herbivoria que ocorre quando as formigas não estão presentes nas plantas.

4.2.2. Predadores em plantas de mamona com EFN

Os nectários extraflorais de Catalpa speciosa foram observados por Stephenson (1982). Os visitantes mais frequentes foram um parasitoide, joaninhas e formigas. Estiveram presentes duas espécies de joaninhas, Coccinella spp. (Coleoptera, Coccinellidae), cinco espécies de formigas (Camponotus nearcticus Emery, Crematogaster cerasi (Fitch), Formica pallidefulva Emery e Prenolepis imparis (Say) (Hymenoptera, Formicidae) e um parasitoide (Apanteles congregates, Hymenoptera, Braconidae).O ácaro fitoseídeo Iphiseius degenerans preferiu EFN, I. A competição entre formigas e outros artrópodes, incluindo aranhas saltadoras, vespas, insectos e escaravelhos, pelos nectários extraflorais de Ipomea pescaprae (Convolvulaceae) e o forrageamento das formigas nesses nectários. Descobriram que, enquanto algumas vespas e besouros servem como agentes anti-herbívoros alternativos, as formigas actuam como agentes anti-herbívoros prospectivos (Mondal et al., 2013). O escaravelho da abóbora, Raphidopalpa foveicollis Lucas, foi o que menos danificou as secções vegetativas com EFN. Devido à sua preferência por estruturas vegetais com EFN, as formigas, vespas, abelhas e joaninhas podem estar a ajudar a proteger os herbívoros, como se pode ver pelo baixo número de herbívoros em partes vegetativas (Agarwal e Rastogi, 2010).

4.2.3. Preferências e longevidade de várias fontes de alimento de predadores de mamona

4.2.3.1. Cryptolaemus mountrouzieri

Em comparação com a cochonilha isolada, todos os instares de larvas, machos adultos e fêmeas mostraram uma preferência muito maior por EFN com cochonilha. A longevidade das larvas durante o primeiro e segundo instares foi significativamente maior em ambos, cochonilha e EFN + cochonilha. A terceira, quarta e fase adulta (machos e fêmeas) sobreviveram mais tempo quando receberam a combinação de EFN e cochonilha.

4.2.3.2. Cheilomenes sexmaculata

Observou-se que, em comparação com os afídeos isolados, todos os instares de larvas, machos adultos e fêmeas de C. sexmaculata preferem grandemente o EFN com afídeos. Todos os instares de larvas e adultos (machos e fêmeas) que foram alimentados com uma mistura de EFN e afídeos viveram mais tempo do que aqueles que foram alimentados apenas com afídeos.

4.2.3.3. Rhynocoris marginatus

Em comparação com as larvas de Spodoptera sozinhas, as ninfas de primeiro, segundo e terceiro instares mostraram uma preferência visivelmente maior por EFN com larvas de Spodoptera. Os machos e as fêmeas adultos de R. marginatus mostraram uma maior preferência apenas por larvas de Spodoptera entre o quarto e o quinto instares ninfais, seguidos por EFN com larvas de Spodoptera. As larvas no primeiro, segundo e terceiro instares que foram alimentadas com EFN tiveram o maior tempo de vida, seguidas por todos os instares de larvas e adultos (machos e fêmeas) alimentados com larvas de Spodoptera.

4.2.3.4. Myrmicaria brunae

Quando comparados com EFN mais melada e melada isolada, os adultos de M. brunae mostraram uma preferência visivelmente maior por EFN.

Figura 10. Cryptolaemus mountrouzieri

Figura 11. Cheilomenes sexmaculata

Figura 12. Rhynocoris marginatus

4.3. Visita de insectos a glândulas de néctar extrafloral em plantas de mamona

As plantas de mamona revelaram variações significativas nas comunidades de insectos que visitam as glândulas do nectário extrafloral (EFN) em diferentes partes da planta. Nomeadamente, as g l â n d u l a s EFN feminino-petiolares atraíram a maior diversidade de espécies, enquanto as glândulas EFN masculino-petiolares apresentaram uma diversidade comparável à das glândulas EFN peciolares. Os insectos que visitam as glândulas EFN feminino-petiolares apresentam a maior equidade de espécies, indicando uma distribuição mais equilibrada entre as espécies em comparação com outras glândulas.

Os himenópteros, especialmente as abelhas melíferas, foram os visitantes predominantes dos três tipos de glândulas EFN, com as abelhas melíferas a desempenharem um papel crucial na polinização e subsequente aumento da produção de sementes. Os dípteros também foram observados em todos os tipos de glândulas EFN, com uma preferência notável pelas glândulas EFN pedunculares femininas. Esta preferência realça a importância destas glândulas na atração de espécies específicas de insectos para potenciais fins de polinização. Os lepidópteros visitaram exclusivamente as glândulas EFN pedunculares, com uma maior frequência de visitas às glândulas pedunculares femininas em comparação com as glândulas pedunculares masculinas. As glândulas EFN pedunculares femininas atraíram um conjunto distinto de insectos em comparação com as glândulas pedunculares masculinas, o que está de acordo com a estratégia reprodutiva da planta de dar prioridade à produção de sementes. O número e a qualidade das secreções das glândulas EFN também podem desempenhar um papel crucial na formação dos mecanismos de defesa das plantas (Waters et al., 2014).

4.4. Impacto nos consumidores formiga e não formiga

4.4.1. A diversidade do consumidor EFN

O número de relatos de utilizadores de EFN que não são formigas está a aumentar, mas até agora tem sido difícil chegar a conclusões gerais sobre a importância dos EFN na sua biologia. Espécies das ordens Hemiptera, Diptera, Coleoptera, Hymenoptera e Lepidoptera visitam os nectários extraflorais de Luffa cylindrica (Cucurbitaceae) (Agarwal e Rastogi, 2010), e insectos representando 14 famílias de Diptera, 5 famílias de vespas (Hymenoptera) e 6 géneros de formigas (Hymenoptera) foram observados nos nectários extraflorais de Phaseolus lunatus (Fabaceae) (Kost e Heil, 2005).

4.4.1.1. Efeitos do consumo de EFN nas formigas

Acredita-se que secreções vegetais como EFN e honeydew constituem uma importante fonte de alimento para formigas herbívoras arbóreas. A investigação realizada numa variedade de processos revelou que o consumo de EFN pode alterar as preferências de forrageamento das formigas e, consequentemente, o seu comportamento de predação (Wilder e Eubanks, 2010). Pode também aumentar a agressividade das formigas e a sua capacidade de proteger os nectários extraflorais de possíveis concorrentes como vespas e formigas batoteiras (Gonzalez, 2012; Heil, 2013). Além disso, as plantas produtoras de EFN podem atrair ninhos de formigas ou alterar os hábitos de forrageamento de colónias de formigas polidómicas, o que alteraria a estrutura da colónia de formigas (Lanan e Bronstein, 2013). Byk e Claro (2011) observaram que, numa experiência com a formiga mirmicina Cephalotes pusillus, uma dieta rica em EFN produziu cinco vezes mais indivíduos por colónia e maiores pesos corporais. De forma semelhante, a disponibilidade de hidratos de carbono aumentou o número de descendentes produzidos em colónias experimentais de formigas-de-fogo (Solenopsis invicta).

4.4.1.2. Efeitos do consumo de EFN sobre os não-Ants

Os consumidores de EFN que não são plantas incluem uma variedade de taxa de artrópodes; os mais frequentemente registados são parasitóides e aranhas, mas também existem vespas predadoras, escaravelhos, mirídeos, vários insectos e ácaros. As aranhas pertencentes às famílias Thomisidae, Salticidae, Miturgidae, Anyphaenidae e Corinnidae foram vistas a alimentar-se de néctar floral ou extrafloral (Soren e Chowdhury, 2011). O EFN secretado por plantas de algodão aumentou a capacidade de sobrevivência das aranhas cursoriais Cheiracanthium inclusum e Hibana futilis em até 10 vezes (Pfannenstiel e Patt, 2012); da mesma forma, a alimentação das aranhas caranguejeiras Ebrechtella tricuspidata com soluções açucaradas aumentou significativamente as taxas de sobrevivência, encurtou o tempo necessário para as aranhas se desenvolverem até à idade adulta e aumentou as taxas de produção de ovos. A alimentação com EFN demonstrou ter efeitos positivos sobre os parasitóides em vários ensaios. Em contraste com a alimentação apenas com melada ou água, as fêmeas adultas de Diaeretiella rapae sobreviveram mais tempo quando alimentadas com EFN (Jamont et al., 2013). De forma semelhante, as taxas de parasitismo de herbívoros foram mais elevadas em plantas produtoras de EFN em comparação com plantas sem néctar (Pemberton e Lee, 1996; Geneau et al., 2013). Isto pode significar que o aumento da defesa anti-herbívora destas plantas se deve à atração dos parasitóides pelos nectários extraflorais (Hernandez, 2013). Adicionalmente, a alimentação em EFN foi registada para besouros (Coleoptera: Coccinellidae) como Coleomegilla maculata e Exoplectra miniata, insectos predadores como o inseto omnívoro Orius insidiosus e o inseto assassino Atopozelus opsimus (Hemiptera, Reduviidae), bem como para ácaros predadores, e mirídeos (Hemiptera) Macrolophus pygmaeus (Portillo, 2012). Observa-se um aumento da fecundidade e da sobrevivência da joaninha C. maculata e do mirídeo M. pygmaeus após a sua alimentação com EFN (Lundgren e Seagraves, 2011; Portillo, 2012). Outro grupo significativo de utilizadores de EFN pode ser o das vespas predadoras, embora, à semelhança das aranhas, sejam susceptíveis à competição com as formigas.

4.4.2. Utilização mutualista de fontes de hidratos de carbono não florais

As flores e os nectários EFN são as duas principais fontes de néctar para as plantas polinizadas por insectos. As vespas (abelhas) da superfamília Apoidea são os principais colectores de néctar das flores; consomem o néctar e o pólen para produzir mel para a sua progenitura. Além disso, o néctar das flores é uma fonte de energia importante para as traças e borboletas adultas, que são herbívoras durante as suas fases larvares. As formigas, que protegem a folhagem das plantas contra os herbívoros que consomem as folhas, estão geralmente associadas à geração de nectários extrafoliares (EFN) nas plantas. No entanto, as abelhas visitam frequentemente os nectários extrafoliares antes de as flores estarem disponíveis nas fases vegetativas das culturas de campo que produzem nectários extrafoliares, como as favas (Vicia faba L.).

Para além das abelhas, numerosas vespas e mosquitos parasitóides, bem como predadores herbívoros polifágicos como as formigas, recolhem tanto o néctar floral como o néctar floral natural (EFN). No entanto, em certas situações, os sinais emitidos pelas flores abertas podem ser necessários para a utilização do NFE de uma planta. Observou-se que certos escaravelhos só consomem EFN, o que indica um mutualismo planta-inseto semelhante ao das formigas.

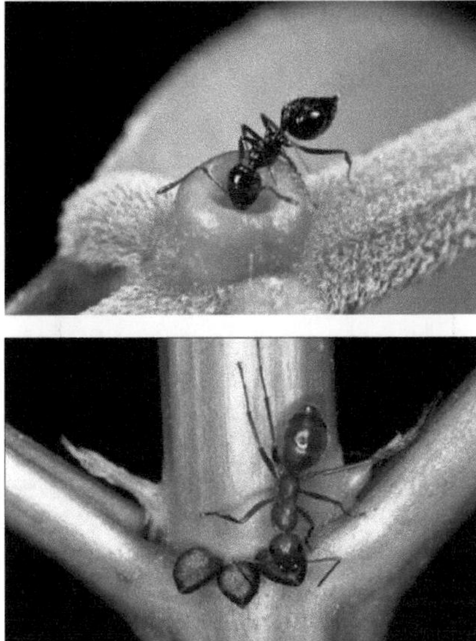

Figura 13. As formigas predadoras alimentam-se de EFN

De acordo com a investigação, a presença de formigas aumenta a probabilidade de as espécies de afídeos se associarem a plantas hospedeiras produtoras de EFN. Chegou à conclusão de que uma de duas hipóteses explica melhor a correlação: (1) a hipótese de seleção de hospedeiros, que sustenta que os afídeos podem beneficiar da interação com as formigas e, consequentemente, escolher espécies de plantas hospedeiras que produzem EFN e mantêm fortes comunidades de formigas; ou (2) a hipótese de partilha de hospedeiros, que sustenta que os afídeos em plantas produtoras de EFN têm mais probabilidades de se associarem a formigas e, como resultado da proteção das formigas, estarem presentes em plantas produtoras de EFN com mais frequência do que em espécies de plantas hospedeiras sem EFN. Foi relatado que certas larvas de traça destroem os tecidos secretores dos nectários EFN. Embora os tecidos não secretores do nectário contenham mais compostos defensivos do que as células secretoras do tricoma que produzem EFN, os primeiros são mais ricos em lípidos, proteínas e hidratos de carbono e podem ser mais densos em nutrientes do que outros tecidos foliares. As plantas podem fornecer barreiras químicas para proteger os nectários EFN dos predadores, embora esta estratégia possa não ser completamente bem sucedida porque os insectos herbívoros restringem a sua exposição a estas protecções alimentando-se do tecido secretor do nectário.

As formigas que se alimentam de pulgões recolhem diretamente a melada de hemípteros, produzida principalmente por pulgões, que constitui uma terceira grande fonte de hidratos de carbono para os animais que se alimentam de néctar, especialmente as formigas. A melada dos afídeos é útil para os insectos de outras ordens de insectos, como as abelhas, que recolhem os depósitos de melada das folhas e os transformam em mel de melada. A melada dos afídeos deposita-se normalmente na folhagem da vegetação rasteira. O consumo de EFN, ao contrário do néctar das flores ou da melada de pulgão, fornece um estimulante mais forte para algumas vespas que parasitam ovos de insectos para depositarem ovos nos ovos do hospedeiro.

As plantas têm alguma influência sobre o comportamento dos seus mutualistas durante as fases vegetativa, de floração e de produção de sementes, através de modificações no valor nutricional do seu néctar. As formigas são atraídas por alimentos ricos em azoto, como o néctar e a melada dos pulgões, que são mais ricos em aminoácidos. Um maior número de formigas pode permanecer na folhagem e alimentar-se dos herbívoros prejudiciais, em resultado do aumento da quantidade de aminoácidos no EFN após os danos causados pelos herbívoros. Curiosamente, a produção de EFN pode até aumentar durante a floração, demonstrando que a produção de EFN não é uma barreira para a geração de néctar floral. Embora a composição de aminoácidos da EFN durante a floração não tenha sido investigada, um maior teor de aminoácidos pode aumentar o efeito de distração das formigas. Quando as formigas estão a alimentar uma rainha, em particular, necessitam de um elevado teor de aminoácidos. No entanto, a disponibilidade de azoto pode ser gerida aumentando a quantidade de insectos na sua dieta.

4.5. Efeito do néctar extrafloral nos adultos do parasitoide D. rapae em favas

De acordo com Wackers (2001), a composição do EFN é muito semelhante à do néctar floral, tornando-o uma fonte extremamente rica em nutrientes. Os açúcares presentes no EFN que melhor aumentam a vida dos parasitóides incluem a sacarose, a frutose e a glucose (Wackers, 2001). A investigação indica claramente que Diaeretiella rapae, um parasitoide, pode alimentar-se bem de Vicia faba EFN. No entanto, o EFN pode não ser tão atrativo como os nectários das flores (Patt et al., 1999).

Figura 14. D. rapae parasita pulgões

Independentemente da disponibilidade de hospedeiros, o EFN aumentou significativamente o tempo de vida de D. rapae. A fonte de alimento fornecida teve um impacto na longevidade dos parasitóides; a fonte de alimento que demonstrou aumentar melhor a longevidade dos parasitóides foi o EFN. Em comparação com a solução de mel, que é frequentemente utilizada como fonte de alimento suplementar de açúcar na criação ou teste de parasitóides, o aumento da longevidade com EFN foi consideravelmente maior. Notavelmente, o número de pulgões parasitados e de descendentes não se alterou quando os parasitóides foram expostos aos hospedeiros e à V. faba, independentemente de todos os nectários extraflorais terem sido cortados. Esta constatação implica que

V. faba alimentou-se independentemente da presença ou ausência de nectários extraflorais. É possível que as fêmeas tenham consumido néctar que vazou do NFE antes do corte das estípulas. Por outro lado, a presença de V. faba com EFN aumentou a longevidade, indicando que as duas fontes de alimento não eram iguais. A presença de V. faba sem nectários aumentou o número de hospedeiros parasitados e de descendentes, mas não aumentou a longevidade. Em vez de ter um efeito maior na longevidade do que o EFN, os danos à planta podem ter proporcionado às fêmeas do parasitoide acesso à seiva remanescente e a outros exsudados que poderiam aumentar a ovigenia das fêmeas. Os ganhos na carga de ovos resultantes da ingestão de EFN devem ter um efeito maior na aptidão das fêmeas do que os ganhos na longevidade, porque esta espécie parece ser mais limitada por ovos do que por tempo. Um rácio sexual mais elevado na progenitura pode ser a consequência de as fêmeas procurarem hospedeiros que acasalem mais frequentemente. Esta técnica pode ajudar o parasitoide, cuja capacidade de se dispersar e sobreviver na ausência de hospedeiros limita a sua capacidade de gerir pragas (Rauch e Weisser, 2007). Como previsto, a sobrevivência das larvas não foi afetada pela alimentação com EFN. Tendo em conta o tamanho da fêmea adulta, o tamanho da descendência não foi afetado pelo EFN. O EFN não parece afetar o tamanho da descendência, a proporção entre os sexos, a sobrevivência das larvas ou a descendência (Kant et al., 2012).

Em comparação com o néctar das flores, o EFN é uma fonte mais facilmente disponível e contínua de alta nutrição. Independentemente da disponibilidade de hospedeiros, tem um efeito significativo na longevidade dos parasitóides, bem como na geração da sua descendência. Quando se situa perto ou no interior da cultura, D. rapae pode ter uma maior probabilidade de se desenvolver como parasita e sobreviver na ausência de hospedeiros. Uma vez que muitas espécies de Fabaceae que produzem EFN são frequentemente utilizadas como culturas de cobertura ou plantas companheiras em sistemas de culturas intercalares

(Vandermeer, 1989), é essencial ter em conta a importância que o EFN tem no reforço do controlo biológico dos parasitóides (Jamont et al., 2013).

4.6. Nectários extraflorais em Rambutan, *Nephelium lappaceum*

Tabela 2. Diferentes espécies de formigas (Formicidae) que visitaram nectários extraflorais nas folhas de rambutan (N. lappaceum)

Subfamília	Espécies
Formicinae	Brachymyrmex minutus Forel
	Camponotus sp.
	Paratrechina longicornis Latreille
Dolichoderinae	Dorymyrmex sp.
	Forelius pruinosus Roger
Pseudomirmecinae	Pseudomymex sp. 1
	Pseudomymex sp. 2
Myrmicinae	Solenopsis geminata Fabricius
	Crematogaster rochai Forel
Ectatomminae	Ectatomma ruidum Roger

Figura 15. Formigas Solenopsis geminata (A), Crematogaster rochai (B), Forelius pruinosus (C), Camponotus sp. (D) e Ectatomma ruidum (E) numa folha de rambutan alimentando-se do néctar excretado pelas EFNs.

4.6.1.Visita de formigas a nectários extraflorais

Em folíolos imaturos, dez espécies de cinco subfamílias diferentes de formigas foram observadas visitando os EFNs. As formigas vieram para os folíolos em grupos ou individualmente para comer o néctar extrafloral. Observou-se regularmente que Solenopsis geminata Fabricius visitava as EFNs e consumia o seu néctar em grupo (Figura 12A). A espécie de formiga mais prevalente foi Forelius pruinosus (Figura 12B), seguida por Crematogaster rochai (Figura 12C). Seis formigas (C. rochai) foram as que mais se alimentaram de EFNs ao mesmo tempo numa única folha. Espécies maiores de formigas também foram vistas consumindo o néctar extrafloral de rambutan, incluindo Ectatomma ruidum Roger e Camponotus sp. (Figura 12D e E). As muitas espécies de formigas não se juntaram para compartilhar o mesmo EFN ou folheto ao mesmo tempo. Por outro lado, várias espécies, incluindo Pseudomyrmex, Camponotus, C. rochai e F. priunosus, foram encontradas alimentando-se na mesma árvore de rambutan. Para além de exemplares adultos de várias espécies de himenópteros (famílias Encyrtidae, Eucharitidae, Braconidae e Vespidae), moscas (família Stratiomyidae), insectos fitófagos (família Miridae), bem como ácaros, aranhas e larvas de Chrysopidae, observou-se que uma variedade de outros artrópodes se alimentavam do néctar extrafloral.

4.6.2.Morfologia do néctar do rambutan e associação com formigas

Villatoro et al. (2022) relataram que uma colónia de formigas utilizou a descarga doce como alimento, e a morfologia externa e a localização destes nectários nos folíolos em relação à domatia foram estudadas para determinar a presença de nectários extraflorais em N. lappaceum. A família Sapindaceae contém uma variedade de localizações, tamanhos e formas de EFN. Estas características podem ajudar as formigas e as plantas a cooperar na proteção mutualista. Por exemplo, em Pometia pinnata J. R. Forst. e G. Forst. são encontrados três grupos de EFN únicos em forma e posição em relação aos do rambutan. (Moog et al., 2008). Em P. pinnata, os maiores EFNs estão situados em torno da nervura central na base dos folíolos, pequenos nectários são encontrados na parte inferior ou na borda dos folíolos, e nectários menores em ambos os lados da nervura central (Moog et al.2008). Todos os nectários de Sapindaceae, no entanto, são principalmente atraídos por formigas como um meio de defesa contra herbívoros.

A relação entre EFNs e domácias encontrada neste estudo implica que, apesar de suas diferenças morfológicas e funcionais, as domácias de rambutan e EFNs parecem oferecer alimento e um refúgio permanente ao mesmo tempo, uma consistência que também foi relatada para outras plantas (Gonzalez, 2011). Isso também se aplica a folhas maduras, onde formigas, ácaros, vespas e outros insetos podem usar essas estruturas como área de nidificação ou refúgio em troca de defesa contra herbívoros e fungos (Krombein et al., 1999, Moog et al., 2008). As EFNs de folhas imaturas exsudam néctar, mas não de folhas adultas. Essa descoberta pode ser útil para determinar se as formigas servem como protetoras do rambutan. A Teoria da Defesa Ótima (Rhoades, 1979) e a possibilidade de que os EFNs sirvam como uma defesa constitutiva da folhagem recém-emergida contra herbívoros são compatíveis com esta teoria. Foi relatado que a formiga Crematogaster peringueyi Emery se alimenta de ovos de alguns herbívoros sem reduzir a quantidade de larvas que produz (Rashbrook et al., 1992).

4.7. A EFN presta serviços de biocontrolo às culturas de arroz através de vespas parasitóides

4.7.1. Efeito do néctar extrafloral versus néctar floral do maracujá sobre o parasitoide

4.7.1.1. Longevidade e fecundidade:

A exposição a nectários extraflorais de maracujá aumentou significativamente a longevidade dos parasitóides adultos. As diferenças de longevidade foram significativas entre os parasitóides. Foram observadas interacções significativas entre o grupo de tratamento da planta e a espécie de parasitoide e entre o grupo de tratamento da planta e o sexo do parasitoide. Parasitóides expostos a flores de maracujá tiveram longevidade significativamente maior em comparação com aqueles expostos a nectários extraflorais de maracujá. As flores de maracujá tiveram efeitos positivos significativamente maiores sobre a fecundidade em comparação com os nectários extraflorais de maracujá.

4.7.1.2. Abundância de Parasitóides:

A presença de plantas de maracujá ou de manjericão aumentou significativamente o número total de parasitóides capturados. Os campos de arroz com maracujá atraíram significativamente mais parasitóides do que aqueles com manjericão. Foram observados efeitos significativos nas principais espécies de parasitóides, incluindo Anagrus nilaparvatae, Trichogramma japonicum e Cotesia chilonis.

4.7.1.3. Abundância de pragas:

Os campos de arroz com maracujá ou manjericão atraíram significativamente mais pragas de lepidópteros do que os campos de controlo. Os campos de maracujá registaram um número significativamente mais elevado de cigarrinhas em comparação com os campos de controlo. Tanto o maracujá como o manjericão desempenham um papel significativo na atração de parasitóides e na supressão potencial das populações de pragas herbívoras nos ecossistemas agrícolas. As flores do maracujá, em particular, têm efeitos mais fortes na longevidade e fecundidade dos parasitóides do que os nectários extraflorais.

4.8. O feijão-frade extrafloral suporta parasitóides nativos que suprimem a mosca-serra do caule do trigo

Os parasitóides nativos Bracon cephi (Gahan) e Bracon lissogaster Muesebeck (Hymenoptera: Braconidae) nas Grandes Planícies do Norte da América do Norte controlam as populações de uma importante praga do trigo. Quando recebem refeições ricas em hidratos de carbono, os adultos destes braconídeos que não se alimentam do hospedeiro aumentam a sua longevidade, a carga de ovos e o volume de ovos. Os inimigos naturais podem ser mais eficazes no controlo das pragas se receberem nutrição do néctar. O feijão-frade, Vigna unguiculata (L.) Walpers, é uma cultura de cobertura promissora com fontes de néctar facilmente acessíveis para insetos benéficos, conhecidos como nectários extraflorais (NEF). As fontes potenciais de alimentação para estes parasitóides incluem os néctares extraflorais das estípulas das folhas do feijão-frade (LS-EFN) e do pedúnculo da inflorescência (IS-EFN).

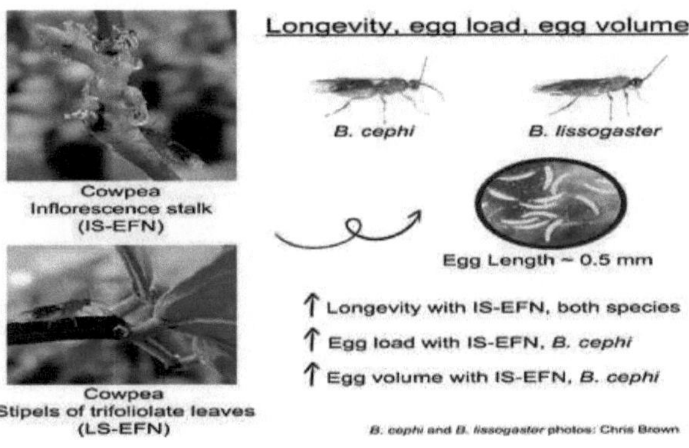

Figura 16. Longevidade, carga de ovos, volume de ovos de B. cephi e B. lissogaster

4.8.1. EFN de feijão-frade como fonte de alimento para B. cephi e B. lissogaster

Em comparação com as que foram alimentadas com néctar de trigo mourisco ou com IS-EFN de feijão-frade, as fêmeas alimentadas com LS-EFN de feijão-frade não beneficiaram, e este resultado pode ser atribuído a uma variedade de razões, incluindo o conteúdo da EFN. As duas variedades de EFN de feijão-frade são geralmente diferentes; em contraste com a IS-EFN, a LS-EFN tem mais monossacarídeos, um menor equilíbrio aminoácido-açúcar, menos solutos azotados e ácidos orgânicos (Pate et al., 1985). As limitações podem surgir do sabor do LS-EFN, uma vez que um rácio de aminoácidos aumentado ou a existência de metabolitos adicionais podem conferir um sabor desagradável ao néctar (Price et al., 2011, Nepi, 2014). Foi demonstrado que níveis elevados de metabólitos secundários no néctar aumentam a rejeição do alimentador (Kohler et al., 2012), o que pode estar diminuindo a quantidade de EFN que esses parasitoides braconídeos ingerem. Como as estípulas das folhas de feijão-caupi produziram menos néctar extrafloral do que os caules das inflorescências, é possível que as fêmeas que ingeriram LS-EFN de feijão-caupi tenham sido menos capazes de comer porque tiveram que esperar mais tempo para que as gotículas se desenvolvessem.

4.8.2. Longevidade de B. cephi e B. lissogaster

Quando recebem alimentos ricos em hidratos de carbono, como melada e néctar de trigo mourisco, os parasitóides vivem mais tempo (Lee et al. 2004). De acordo com Vattala et al. (2006), os parasitóides sobrevivem mais tempo quando alimentados com néctar rico em sacarose, como o EFN do feijão-caupi (Pate et al. 1985) e o néctar do trigo mourisco (Vattala et al. 2006, Tompkins et al. 2010). Previu-se que B. lissogaster e B. cephi viveriam mais tempo quando alimentados com IS-EFN de feijão-frade ou néctar de trigo-sarraceno. B. lissogaster sobreviveu 6 dias na água e 28 dias em IS-EFN, enquanto Bracon cephi sobreviveu 10 dias na água e 38 dias em IS-EFN. As fêmeas adultas do parasitoide que se alimentaram de IS-EFN de feijão-frade e de néctar de trigo-sarraceno mostraram ter uma duração de vida mais longa, e as fêmeas de B. cephi também produziram ovos maiores e mais abundantes.

Quando se alimentaram de néctar e de água, as fêmeas de B. lissogaster conseguiram manter uma carga e um volume de ovos constantes durante toda a sua vida adulta, apesar de não apresentarem alterações nos parâmetros reprodutivos.

4.8.3. Carga de ovos e volume de ovos

As fêmeas de B. lissogaster não apresentaram diferenças na carga e no volume de ovos em EFN de feijão-frade e néctar de trigo mourisco. As fêmeas mais velhas de B. lissogaster carregaram menos ovos em geral, provavelmente devido à diminuição da produção e/ou reabsorção de ovos. Quando o fornecimento de alimento é escasso, os parasitóides sinovigénicos têm a capacidade de reabsorver os ovos maduros; como resultado, eles realocam energia para a longevidade e manutenção (Rivero e Casas, 1999). Além disso, B. cephi aumentou a carga e o volume dos ovos quando alimentado com néctar de trigo sarraceno (Reis 2018, Rand e Waters, 2020), bem como com IS-EFN de feijão-frade, o que é vantajoso porque o tamanho dos ovos está associado à aptidão da prole (Giron e Casas, 2003). No que diz respeito à carga e volume de ovos, B. lissogaster permaneceu constante ao longo dos tratamentos, enquanto B. cephi produziu
2,1 vezes mais ovos nas IS-EFN, que eram 1,6 vezes maiores.

4.8.4. Utilização dos sinais olfactivos e visuais dos parasitóides

De acordo com Lewis et al. (1998), os parasitóides utilizam sinais olfactivos e visuais para aprender e ajustar as suas respostas comportamentais. Certas espécies de parasitóides apresentam níveis significativos de atração e perceção de EFN (Stapel et al., 1997). Após a deteção e o consumo bem sucedido de EFN, estas fêmeas podem associar sinais olfactivos e visuais a esta recompensa alimentar (Wackers e Lewis, 1994; Lewis et al., 1998). Consequentemente, existe a possibilidade de estas fêmeas se sentirem mais atraídas pelos odores do feijão-frade após a sua exposição a estas EFNs. Após experiências de forrageamento em flores de endro, os parasitóides eulófagos Edovum puttleri Grissell e Pediobius foveolatus Crawford mostraram maior atração pelos odores de néctar (Patt et al. 1999), enquanto Microplitis croceipes mostrou maior atração pelo algodão após exposição a EFNs (Rose et al., 2006). Os odores do feijão-frade já são atractivos para os parasitóides nativos, o que é encorajador para a utilização desta possível cultura de cobertura no controlo biológico da conservação da mosca-serra do caule do trigo. Estes parasitóides nativos beneficiam do feijão-frade não nativo de estação quente, o que também pode melhorar o biocontrolo de conservação de Cephus cinctus (Cavallini et al., 2023).

4.9. Impacto do néctar extrafloral de Hibiscus cannabinus na eficiência de Aenasius arizonensis

Phenacoccus solenopsis Tinsley, vulgarmente designada por cochonilha do algodão (Hemiptera: Pseudococcidae), é uma das espécies invasoras mais importantes do mundo. A P. solenopsis teve um efeito adverso no kenaf, Hibiscus cannabinus L., causando perdas de colheita de até 60% (Satpathy et al., 2013). As cochonilhas fazem com que as plantas perfurem os tecidos, descarreguem a seiva, percam as folhas e acabem por se deteriorar (Pena et al., 1998). Ashfaq et al. 2010, afirmam que Aenasius arizonensis Girault (Hymenoptera:

Entyrtidae) desempenha um papel essencial na manutenção do controlo populacional de P. solenopsis. De acordo com Xiu et al. (2017), um nectário está localizado no ápice do pecíolo da cultura de fibra comum Hibiscus cannabinus, kenaf, enquanto numerosos EFNs estão distribuídos pelas nervuras da folha.

Figura 17. Aenasius arizonensis

4.9.1.Longevidade, fecundidade, proporção entre os sexos e parasitismo de A. arizonensis

Quando A. arizonensis foi alimentado com EFN e 100 por cento de mel para as fêmeas e machos, respetivamente, o maior tempo de vida foi de 32,60, 23,70, e 26,20, 20,60 dias. Isto pode dever-se ao facto de a composição do néctar extrafloral ser constituída principalmente por hidratos de carbono simples, como a glucose, a frutose e a sacarose, que são facilmente absorvidos e digeridos para satisfazer as elevadas necessidades energéticas dos artrópodes (Escalant e Heil, 2012). Quando alimentada com EFN e 100 por cento de mel, uma fêmea de A. arizonensis pôs 39,90 (31 dias) e 20,39 (24 dias) ovos em cinco semanas, respetivamente (Figura 15). Isto deve-se ao facto de a maioria dos himenópteros parasitóides serem sinovigénicos, o que indica que continuam a produzir ovos mesmo quando adultos. A nutrição recebida pela fêmea adulta determina a produção de ovos e não os metabolitos armazenados nos estádios imaturos. O super parasitismo diminui e a produção de descendentes aumenta quando há um aumento da atividade de postura de ovos (Lewis et al., 1998). O fornecimento de alimentos pode ter aumentado o parasitismo e a produção de descendência ao longo da vida de A. arizonensis, e pode também ser sinovigénico. A alimentação com néctar extrafloral pode aumentar a fertilidade, o parasitismo e o sexo entre a prole feminina. O néctar extrafloral é uma solução aquosa rica em mono e dissacáridos, aminoácidos, lípidos e enzimas. A percentagem máxima registada de parasitismo de A. arizonensis para EFN foi de 79,42 por cento (Pungavi e Nalini, 2023).

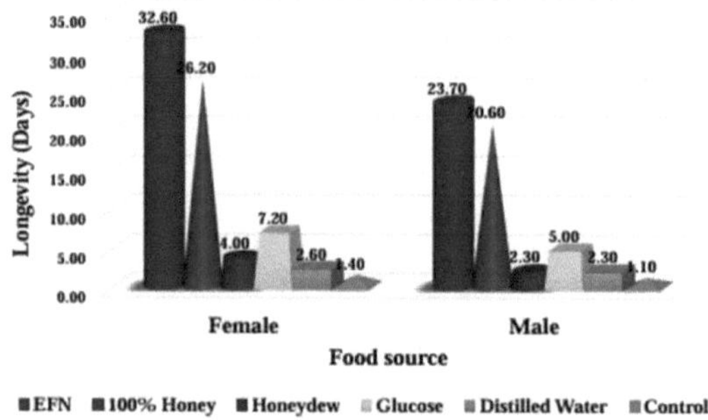

Figura 18. Néctar extrafloral de Hibiscus cannabinus na longevidade de Aenasius arizonensis

4.10. Néctar extrafloral do algodão como fonte de alimento para vespas parasitas

É evidente que os parasitóides poderiam sobreviver em plantas de algodão produtoras de néctar extrafloral durante toda a sua vida, mesmo no caso em que o EFN fosse a única fonte de alimento. Foi demonstrado que parasitóides bem alimentados parasitam mais larvas hospedeiras (Takasu e Lewis, 1995), e as larvas hospedeiras de H. zea parasitadas irão subsequentemente consumir menos tecido fotossintético ou reprodutivo da planta (Hopper e King, 1984). O EFN pode, portanto, desempenhar um papel significativo nas defesas indirectas de uma planta, apoiando as vespas parasitas na sua procura de hospedeiros, particularmente nos períodos em que o néctar floral é escasso.

As vespas foram capazes de distinguir entre plantas que tinham e não tinham EFN depois de terem tido experiência com elas, e mostraram preferência pelas plantas EFN. Como resultado, os parasitóides conseguem identificar plantas EFN a uma grande distância, enquanto as vespas sem exposição prévia a plantas EFN não as consideram atractivas. Os parasitóides podem ter aprendido a correlacionar o odor libertado pelas plantas EFN com o néctar. Os parasitóides têm a capacidade de aprender a associar alimentos a odores (Lewis e Takasu 1990; Takasu e Lewis 1996). O alimento pode ter um impacto no comportamento de procura do hospedeiro por parte dos parasitóides em comparação com parasitóides em manchas sem alimento, parasitóides famintos libertados em manchas com folhas danificadas por herbívoros e com alimento fornecido na planta sob a forma de sacarose ou EFN exibiram uma maior taxa de parasitismo (Stapel et al. 1997).

Ao fornecer EFN, as plantas podem encorajar parasitóides famintos a visitar plantas que não florescem e manter os parasitóides em plantas que foram prejudicadas por herbívoros. A fim de maximizar a sua defesa inata contra ataques de herbívoros, as plantas podem aumentar ativamente a produção de EFN (Wackers et al., 2001). A cascata de sinalização do jasmonato controla muito provavelmente este aumento da síntese de EFN em resposta à herbivoria. De acordo com Heil et al. (2001), as plantas tratadas com jasmonato mostraram de forma semelhante um aumento da produção de EFN (Rose et al., 2006).

4.10.1. Longevidade

As fêmeas do parasitoide Microplitis croceipes receberam os mesmos recursos e não apresentaram diferenças de longevidade entre as que forragearam em plantas EFN e as que forragearam em plantas Nectariless (NL) suplementadas com mel extra. As vespas fêmeas colocadas em plantas NL sem qualquer alimento adicional ou em gaiolas com apenas água desmineralizada numa bola de algodão não foram capazes de sobreviver tanto tempo como as vespas que receberam EFN ou mel. O tempo de vida das fêmeas criadas em plantas NL ou em água desmineralizada não diferiu significativamente. Como resultado, as plantas EFN podem manter M. croceipes vivas durante um período de tempo considerável, mesmo que sejam a sua única fonte de alimento. De acordo com Takasu e Lewis (1996), o parasitoide M. croceipes tem um tempo de vida de 30 dias no campo e é mais sensível aos odores do hospedeiro nos primeiros oito dias após a emergência.

4.10.2. Reprodução e desenvolvimento

Ao longo de três a nove dias, as vespas parasitóides que se alimentaram apenas de plantas EFN não apresentaram diferenças fisiológicas nos seus processos reprodutivos quando comparadas com as vespas que se alimentaram de solução de mel. O número de casulos de parasitóides que cresceram a partir de lagartas parasitadas e a proporção sexual de parasitóides adultos machos e fêmeas que emergiram dos casulos foram semelhantes após 3, 6 e 9 dias de forrageamento em plantas EFN ou em solução de mel. Para além disso, não foram observadas variações no número total de larvas mortas de M. croceipes que emergiram do seu hospedeiro mas que não conseguiram pupar, ou no número total de larvas do hospedeiro H. zea parasitadas sem sucesso.

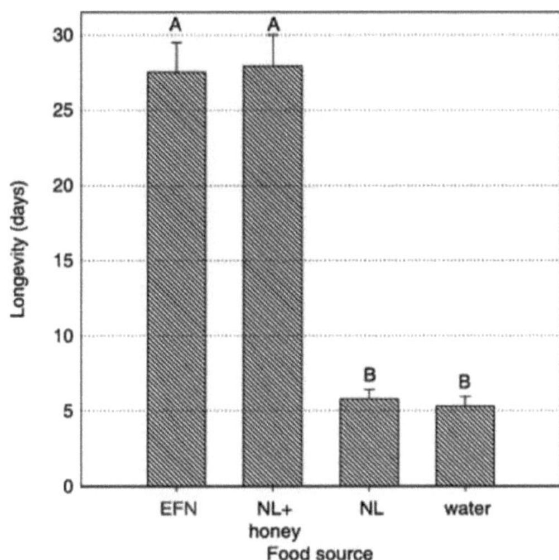

Figura 19. Longevidade da vespa parasita em diferentes fontes de alimento

4.11. A contribuição do néctar extrafloral para o ácaro predador Iphiseius degenerans em Ricinus communis

O néctar extrafloral pode ser uma fonte importante de alimento para ácaros predadores (Rijn e Tanigoshi, 1999). O néctar extrafloral da mamona é composto principalmente de glicose, frutose e sacarose. No entanto, também contém pequenas quantidades de compostos inorgânicos, aminoácidos (principalmente ácido glutâmico, serina e treonina) e possivelmente ácidos gordos (Caldwell e Gerhardt, 1986).

4.11.1. Reprodução e sobrevivência

Durante os primeiros sete dias de alimentação com pólen de mamona, não houve mortalidade e a oviposição estabilizou-se em 1,7 ovos por dia. A taxa média de oviposição aumentou em 25% quando gotículas de néctar extrafloral foram adicionadas a esta dieta de pólen. Aproximadamente 50% de Typhlodromalus aripo (Bakker e Klein, 1993), 48% de T. manihoti (Bakker e Klein, 1993), e 31% de Euseius fustis (Pritchard e Baker) conseguiram atingir a maturidade quando alimentados com esta fonte de alimento (Bruce et al., 1996). Não se registaram mortes de fêmeas durante o período de alimentação com néctar. Mesmo a duração do período de alimentação com néctar prolongou a sua vida; após 8 ou 16 dias, a duração média de vida de I. degenerans aumentou de 6 a 11 dias.

Após 10 dias apenas com água, nenhuma das 14 espécies testadas mostrou qualquer indicação de sobrevivência; em comparação, quando uma fonte de açúcar estava presente, a sobrevivência dos adultos aumentou para mais de 90% para Euseius stipulatus, Euseius victoriensis e Typhlodromus phialatus, com sobrevivência variando de cerca de 40% para Typhlodromus rickeri e M. occidentalis (McMurtry e Scriven, 1966).

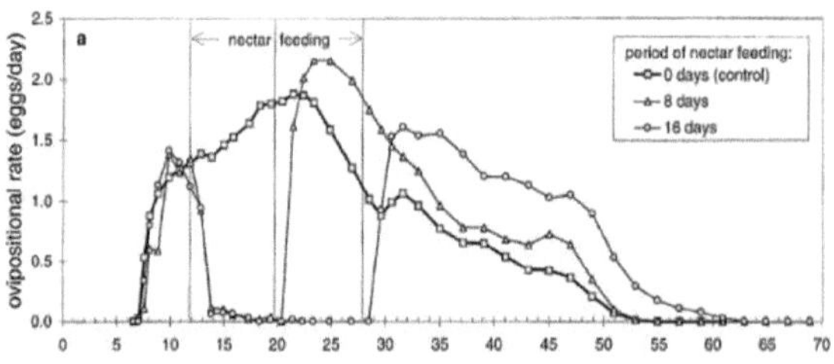

Figura 20. Taxa de oviposição do ácaro predador

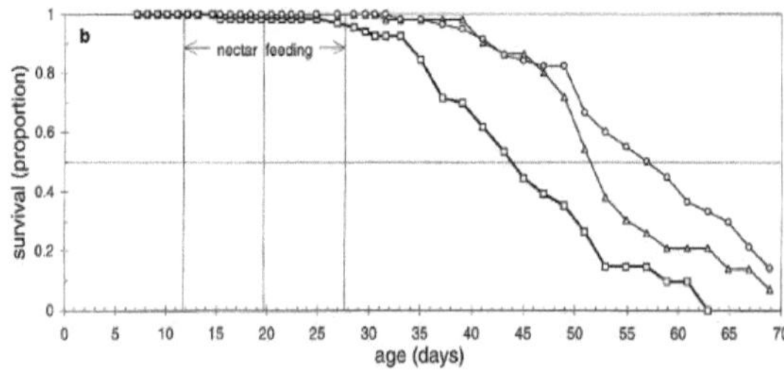

Figura 21. Taxa de sobrevência de ácaros predadores

4.12. A alimentação com açúcares do néctar melhora a sobrevivência de duas aranhas cursoriais

Pfannenstiel e Patt (2012), determinaram recentemente que as aranhas predadoras nocturnas das famílias Cheiracanthium inclusum e Hibana futilis se alimentam de néctares extraflorais (EFN) no algodão (Taylor e Pfannenstiel, 2008) e que também se alimentam de néctares florais e de meladas. Quando as populações de aranhas são reduzidas pela predação, a disponibilidade destes açúcares pode oferecer benefícios substanciais para o desenvolvimento e a reprodução ou para a sobrevivência na ausência de presas (Taylor e Bradley, 2009).

4.12.1.Sobrevivência das aranhas na alimentação EFN

O estudo concluiu que a sobrevivência das aranhas que se alimentaram de néctar extrafloral, melada ou dos seus constituintes foi significativamente mais eficaz do que a das aranhas que se alimentaram apenas de água. Um estudo anterior sobre a nectarivoria em aranhas verificou que a Hibana velox teve uma melhoria média na sobrevivência de 30,1% com néctar extrafloral e um aumento de 27,3% com sacarose. Neste estudo, a sobrevivência aumentou não apenas em dias, mas em meses. A sobrevivência de H. futilis que recebeu sacarose aumentou em média 13,85% em relação aos que receberam apenas água. O aumento percentual na sobrevivência de C. inclusum alimentando-se de melada de cochonilhas e néctar extrafloral de algodão (62,6% e 87,0%, respetivamente) foi menor em termos percentuais; isso pode ter sido devido ao maior tamanho das plântulas de C. inclusum. Para espécies de aranhas que produzem plântulas mais pequenas, como H. futilis, que dispõem de menos recursos quando emergem do saco de ovos, a alimentação com açúcar pode ser mais crucial. Quando as presas são escassas, a presença de recursos abundantes, como néctar extra de flores ou melada, pode ser crucial para permitir que as aranhas se estabeleçam, aumentem suas populações e ajudem no manejo de pragas. Foi demonstrado que as relações das aranhas com plantas que produzem néctar extrafloral são benéficas para as plantas (Ruhren e Handel, 1999; Whitney, 2004). Para as plântulas de C. inclusum sem alimento, a alimentação com melada de cochonilhas ou néctar extrafloral de algodão aumentou significativamente a sua taxa de sobrevivência. Quando as plântulas de C. includum foram alimentadas com melada de cochonilhas e néctar extrafloral de algodão, sua longevidade aumentou para 87,0% e 62,6%, respetivamente, e elas sobreviveram apenas seis dias quando foram alimentadas apenas com água. Em comparação com a melada, as plântulas viveram muito mais tempo com EFN.

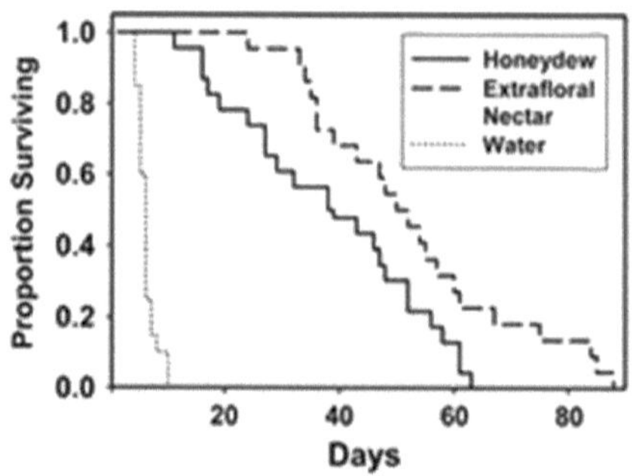

Figura 22. Taxa de sobrevivência da aranha cursorial

4.13. Consumo de néctar extrafloral e sobrevivência do predador omnívoro, larva Chrysoperla plorabunda

Limburg e Rosenheim (2001), estudaram que, nos campos de algodão da Califórnia, Chrysoperla plorabunda é um predador generalista comum e possivelmente eficiente do pulgão do algodão, Aphis gossypii Glover. Quando as presas do pulgão se tornaram menos disponíveis, o consumo de néctar extrafloral do algodão aumentou significativamente. No entanto, este compromisso entre o consumo de néctar extrafloral e de presas não parece indicar que os crisopídeos rejeitaram oportunidades de se alimentarem de néctar extrafloral quando havia uma oferta abundante de presas de pulgões. A natureza omnívora das larvas de crisopídeos só é significativa se as dietas à base de plantas ajudarem ao desenvolvimento, à sobrevivência ou às actividades de forrageamento das larvas. O consumo de néctar extrafloral produziu benefícios que vão para além dos da simples ingestão de água. De acordo com testes de campo e de laboratório, os crisopídeos que tiveram acesso a néctar extrafloral viveram significativamente mais tempo do que aqueles a quem foi dada apenas água. As larvas de crisopídeos são verdadeiros omnívoros, consumindo néctar extracelular de plantas, presas de artrópodes herbívoros como os afídeos, e outros artrópodes predadores ou omnívoros como O. tristicolor e Geocoris sp. Os crisopídeos podem beneficiar significativamente do consumo de recursos vegetais tanto na fase larvar como na fase adulta (Hagen, 1986). Quando as larvas se alimentam de néctar extrafloral sem presas artrópodes, o seu desenvolvimento é interrompido e podem permanecer no primeiro instar até 19 dias. Os nectários extraflorais foliares são acessíveis até mesmo para as menores larvas de crisopídeos, e muitos outros artrópodes estão evidentemente utilizando este suprimento de néctar (Yokoyama, 1978, Lima e Leigh, 1984). Ainda não foi investigado se a competição exploratória poderia reduzir os níveis de disponibilidade de néctar abaixo do que as larvas de crisopídeos (ou outros artrópodes) necessitam. A experiência de dieta no campo e pesquisas anteriores (Zheng et al., 1993) mostraram a duração extremamente variável dos instares das larvas de crisopídeos, o que levanta a possibilidade de que a disponibilidade de recursos e a predação de ordem superior se combinem para afetar a sobrevivência dos crisopídeos. Uma vez que o néctar extrafloral não promove o desenvolvimento dos crisopídeos, os crisopídeos que sobrevivem a períodos de escassez de presas ingerindo-o permanecerão na fase de larva neonata extremamente vulnerável durante mais tempo. Por conseguinte, pode ser mais significativo considerar os efeitos conjuntos dos recursos e dos predadores do que tentar considerá-los isoladamente, como foi observado noutros sistemas predador-presa e hospedeiro-parasitoide (Krebs et al., 1995, Benrey e Denno, 1997).

4.13.1.Experiência de dieta de campo

O tratamento com néctar extrafloral resultou num tempo de vida significativamente mais longo para as larvas do que o tratamento apenas com folhas. Além disso, as larvas do tratamento com néctar extrafloral passaram uma percentagem significativamente mais elevada do seu tempo a forragear ativamente, em comparação com as larvas dos tratamentos de dieta que incluíam presas de afídeos.

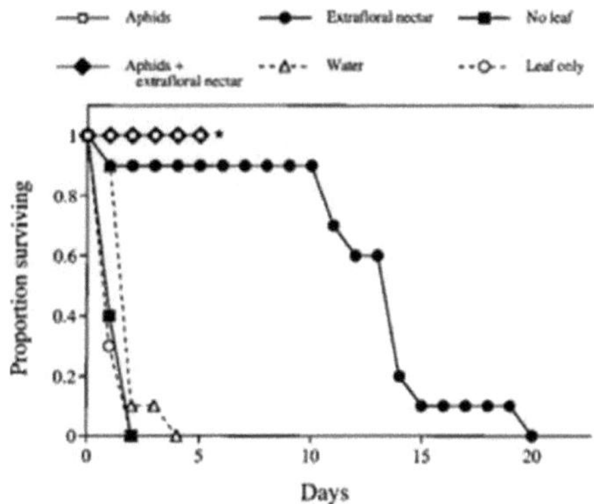

Figura 23. Taxa de sobrevivência em condições de arquivo

4.13.2.Experiência de dieta em laboratório

Os crisopídeos viveram significativamente mais tempo com néctar extrafloral bracteal do que com néctar extrafloral foliar, em comparação com a água.

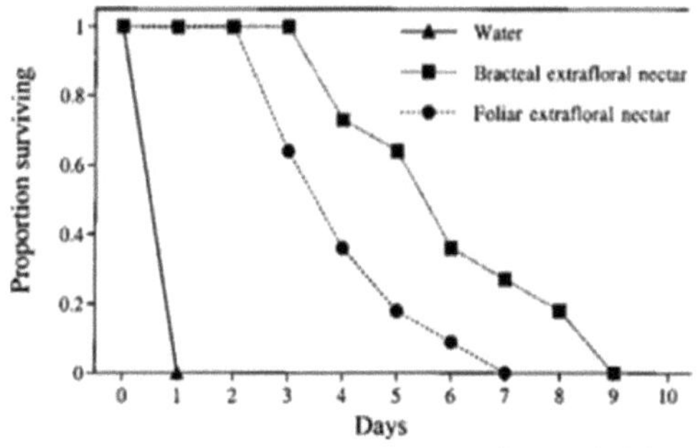

Figura 24. Taxa de sobrevivência em condições de laboratório

5. NECTÁRIOS EXTRAFLORAIS: DEFESA INDIRECTA CONTRA HERBÍVOROS

5.1. Néctar extrafloral como defesa para atrair coccinelídeos

As barreiras que impedem os indivíduos de roubar o néctar das flores dividem-se em duas categorias: químicas e arquitectónicas. A variedade de espécies de insectos que se alimentam de flores é significativamente influenciada pela localização da glândula de néctar. À semelhança de outros grandes entomófagos (Tooker e Hanks, 2000; Galletto e Bernardello, 2004; Vattala et al., 2006), os coccinelídeos são em grande parte impedidos de aceder ao néctar floral quando este se encontra no interior da corola, com exceção das espécies mais pequenas. Alguns insectos são também impedidos de aceder ao néctar floral devido a uma abundância de estigmas ou estilos. O néctar floral contém um conjunto diversificado de compostos secundários (Baker e Baker, 1978; Adler e Irwin, 2005). Estes compostos secundários, que incluem álcoois, amoníaco, aminoácidos não proteicos, glicosídeos, fenólicos e alcalóides, dissuadem ou intoxicam uma variedade de insectos, ajudam a manter a lealdade dos polinizadores que se adaptaram para se alimentarem deles e, em geral, aumentam a probabilidade de uma polinização bem sucedida das plantas (Kessler et al., 2008). A função primária do EFN é atrair quaisquer artrópodes benéficos que estejam presentes num determinado habitat, deixando-o sobretudo exposto a insectos que se alimentam de néctar. No entanto, a função dos poucos compostos secundários que foram isolados da EFN (Keeler, 1977; Baker e Baker, 1978) ainda não é clara.

5.2. O néctar extrafloral reduz a herbivoria em plantas de feijão-de-lima

Tabela 3. Vespas, moscas e formigas recolhidas dos cachos de feijão-de-lima com armadilhas adesivas (Kost e Heil, 2004)

Encomendar	Táxon
Dípteros	Phoridae, Tachinidae, Chloropidae, Culicidae, Drosophilidae, Platystomatidae, Agromyzidae, Canacidae, Lauxaniidae, Muscidae, Psychodidae, Scenopinidae, Syrphidae
Hymenoptera	Chalcidoidea, Ichneumonidae, Dryinidae, Braconidae, Sphecidae
Formigas	Camponotusnovogranadensis, Camponotus (Myrmobrachys) sp., Cephalotes minutus, Crematogastersp.Monomorium sp, Paratrechina longicornis, Pseudomyrmex sp. 1, Pseudomyrmex sp. 2

5.2.1. Visitantes do feijão de Lima

As famílias Dolichopodidae (31%) e Phoridae (27%) foram as mais abundantes entre as moscas. Enquanto muitas espécies predadoras ou parasitóides, incluindo a família Formicidae, se encontram na família Phoridae, os Dolichopodidae são conhecidos por se alimentarem de insectos mais pequenos ou de larvas de insectos que vivem em plantas. 71% das moscas capturadas pertenciam a grupos de moscas que incluem espécies com hábitos parasitas e predadores. O grupo mais predominante, a superfamília Chalcididoidea, já representava 68% de todos os himenópteros capturados. Estas vespas parasitóides foram divididas em 14 famílias, sendo a mais comum a Pteromalidae (27%). Nas gavinhas, as formigas mais comuns encontradas foram Crematogaster sp., Cephalotes minutus e Camponotus novogranadensis. Para além da sua tendência para fontes de açúcar, como o néctar extrafloral, todas as formigas recolhidas eram generalistas, e é sabido que se alimentam de uma grande variedade de artrópodes.

5.2.2. Defensores naturais do feijão Limba EFN

Os nectários extraflorais do feijão-lima podem atrair defensores voadores, que podem ser responsáveis pelo impacto defensivo observado, para além do aumento da população de formigas. Assim, o efeito protetor foi considerável no local onde as vespas e as moscas, bem como as formigas, apresentaram uma atividade acrescida. Este efeito foi causado principalmente pelas vespas que foram atraídas, e não pelas moscas. Na natureza, a secreção de EFN ajudou as plantas de feijão-de-lima. O néctar fabricado pode ter atraído insectos voadores para além das formigas, o que poderia ter contribuído para o efeito protetor indicado. As formigas aumentaram o tempo de permanência nas plantas que fornecem EFN, as frequências de visita das formigas forrageiras ou uma atração mais eficaz das formigas por estas plantas. Além disso, uma avaliação conservadora desta caraterística defensiva é fornecida pelo efeito protetor da secreção de EFN.

5.3. Nectários extraflorais do algodão como defesa indireta contra insectos pragas

5.3.1. Papel das EFNs na atração de inimigos naturais

É amplamente aceite que os insectos que se alimentam de néctar modificam o número de vezes que visitam as EFNs com base na disponibilidade de néctar (Kost e Heil, 2005; Newman et al., 2016). De acordo com vários estudos (Bluthgen et al., 2000; Lach et al., 2009; Byk e Claro, 2011), a presença de recursos altamente energéticos, como o néctar extrafloral, pode afetar a sobrevivência das formigas e o crescimento das colónias, favorecendo uma maior abundância e riqueza de formigas em plantas com NFE do que em plantas sem NFE. Adicionalmente, sabe-se que a diversidade de espécies e o número de formigas que visitam EFNs em várias plantas, incluindo o algodão, são influenciados pela quantidade e volume de néctar (Rudgers, 2004; Lange et al., 2017).

Em contraste com estes resultados, não se observou um número consideravelmente maior de formigas a visitar as EFNs em cultivares de algodão selvagem que produziam maiores quantidades de néctar. O facto de a concentração de açúcar se manter constante durante as variações do volume de néctar pode ser uma explicação para este resultado. De acordo com algumas pesquisas, a concentração de açúcar é o principal fator que influencia as visitas das formigas às EFNs (Silva e Claro, 2013; Fagundes et al., 2017). Os nossos resultados da experiência de campo indicaram que as variantes selvagens atraíram uma comunidade mais diversificada de inimigos naturais do que os tipos cultivados em termos de riqueza de espécies. Além disso, vimos que as formigas Trichomyrmex, que são tipicamente consideradas predadoras, ocorreram com mais frequência (Fisher e Bolton, 2016). Dado que as plantas de algodão selvagem geram mais compostos orgânicos voláteis do que os seus inimigos naturais. O consumo de néctar extra-floral foi encontrado em vários estudos para melhorar a sobrevivência, a longevidade e a fecundidade de várias espécies de inimigos naturais (Tylianakis et al., 2004; Pfannenstiel e Patt, 2012; Jamont et al., 2013; Heil, 2015). Assim, uma maior diversidade de formigas que visitam EFNs não seria inesperada em plantas com maior produção de néctar. Esta teoria é apoiada por um estudo recente sobre a quantidade de néctar extrafloral, que encontrou uma relação entre a composição de açúcares e/ou aminoácidos e os grupos de visitação de artrópodes em árvores que possuem NFE (Staab et al., 2016). Além disso, outros estudos demonstraram que a coocorrência de espécies distintas em plantas que produzem néctar extrafloral é reforçada por uma maior produção de néctar extrafloral (Lange et al., 2013).

5.3.2. Potencial das EFNs para a supressão de pragas

A investigação tem demonstrado que as plantas que apresentam EFNs sofrem menos herbivoria e têm infestações de pragas mais baixas do que as plantas que não as apresentam (Kost e Heil, 2005; Mathews et al., 2007; Brown et al., 2010). Vários estudos também indicaram que a presença de inimigos naturais que visitam as EFNs contribui para a supressão de pragas (Mathews et al., 2007; Rezende et al., 2014; Stefani et al., 2015). Por exemplo, Mathews et al. (2007) demonstraram que os pessegueiros com EFNs tinham infestações mais baixas de larvas de Grapholita molesta e 90 por cento menos danos nos frutos quando as formigas não eram excluídas das árvores.

Muitas pesquisas documentaram o recrutamento de formigas para EFNs no caso de plantas de algodão (Heil, 2015; Gish et al., 2016), e algumas delas demonstraram os impactos benéficos do recrutamento de formigas na aptidão da planta (Rudgers, 2004; Rudgers e Strauss, 2004). Quando as plantas de algodão selvagem Gossypium thurberi tiveram os seus EFNs alterados experimentalmente para diminuir a sua produção de néctar, Rudgers (2004) demonstrou que estas plantas revelaram uma diminuição da abundância de formigas, um aumento dos danos nas folhas e uma diminuição da produção de sementes em comparação com as plantas cujos EFNs não foram manipulados.

As nossas observações revelaram uma falta de relação entre o grau de domesticação do algodão (e a consequente produção de néctar) e os danos ou a abundância de pragas. Enquanto as cigarrinhas foram muito mais abundantes nos tipos selvagens, os tipos cultivados apresentaram níveis intermédios de abundância e as variantes sem néctar apresentaram a abundância mais baixa, os afídeos foram mais abundantes nas variedades sem néctar. Por outro lado, o efeito da mosca branca e da lagarta da folha foi praticamente nulo. O facto de estas espécies segregarem melada e terem tendência para se associarem às formigas pode ser responsável pela maior abundância de cigarrinhas nas variedades selvagens (Moya et al., 2001). O facto de os afídeos serem menos comuns nas variedades selvagens produtoras de néctar poderia ser explicado pelo facto de as formigas serem mais propensas a predar os afídeos quando, para além do orvalho melífero, existe outra fonte de hidratos de carbono, como o néctar extrafloral (Offenberg, 2001). Outra explicação possível é o facto de os afídeos evitarem as plantas onde as cigarrinhas eram mais abundantes, para evitar a competição pelos recursos. As variedades silvestres apresentavam uma comunidade de formigas mais rica e presumivelmente mais abundante do que as variedades cultivadas, o que pode ter atraído os insectos produtores de melada para estas plantas, para estarem mais bem protegidos dos predadores enquanto se alimentavam da seiva. De facto, as interacções entre formigas e hemípteros produtores de melada são muito comuns em habitats agrícolas geridos (Buckley, 1987). Outra teoria não exclusiva é que variações na quantidade que o algodão investe em defesas abióticas, como características morfológicas como a densidade de tricomas e a geração de metabólitos secundários tóxicos como o gossipol (Hagenbucher et al., 2013), também podem contribuir para as razões pelas quais diferentes espécies de pragas preferem diferentes variedades de algodão. De acordo com Nibouche et al. (2008), os tipos de algodão cultivados eram mais susceptíveis aos afídeos quando as suas folhas eram mais peludas. No que diz respeito às infestações de bollworm, descobrimos que a proporção de quadrados atacados no tipo selvagem foi maior do que a dos tipos cultivados e sem nectariless, e que a proporção de cápsulas atacadas no tipo sem nectariless foi maior do que a das outras variedades de algodão. Isto implica que os quadrados dos tipos selvagens e as cápsulas das variedades sem néctar foram favorecidos pelos bollworms. No entanto, a proporção de quadrados atacados ou de cápsulas libertadas pode variar consoante as características varietais, tais como (Adler e Irwin, 2012)) resistência fenológica (as variedades selvagens produzem quadrados e cápsulas mais tarde do que as variedades cultivadas e sem néctar); (Agrawal e Karban, 1997) resistência fisiológica (as variedades selvagens produzem menos quadrados e cápsulas e, portanto, exibem menor desfolhamento fisiológico (em oposição ao desfolhamento mediado por pragas) do que as variedades cultivadas e sem nectarina; e (Alves-Silva e Del-Claro, 2013) resistência a insetos (defesa morfológica ou bioquímica, não necessariamente ligada aos tipos de algodão selecionados no estudo). Esses resultados, no entanto, devem ser interpretados com cautela. É necessária investigação adicional para verificar a preferência dos bollworms por variedades cultivadas versus variedades selvagens de algodão.

5.3.3. Produção de néctar e controlo biológico

Embora a abundância de formigas tenha sido consistente em todos os tipos, as taxas mais elevadas de predação de presas sentinela na estufa foram encontradas em variedades de algodão selvagem. De acordo com esta descoberta, as formigas que visitavam plantas selvagens e produziam mais néctar eram provavelmente predadoras mais hábeis. Uma rápida revisão da literatura sobre a função do néctar floral nas interacções planta-inseto revela que os constituintes menores do néctar, como os compostos secundários, podem desempenhar um papel significativo na mediação das interacções das plantas com outras espécies, embora se saiba muito pouco sobre a influência dos constituintes do néctar presentes nas EFN no comportamento dos insectos que visitam as EFN (Adler e Irwin, 2012; Nepi, 2014). Por exemplo, concentrações mínimas de nicotina no néctar das flores maximizam a quantidade de tempo que um forrageador passa numa flor (Kessler e Baldwin, 2007). Além disso, sabe-se que as formigas que forrageiam em EFN têm maior probabilidade de atuar como carnívoras devido a um aumento da agressividade em relação a possíveis presas quando consomem EFN mais rico em hidratos de carbono (Ness et al., 2009). Por conseguinte, as variações na eficiência de predação das formigas que se alimentam das várias cultivares de algodão na nossa experiência em estufa podem ser causadas pela presença de produtos químicos comparáveis não medidos na folhagem das plantas de algodão. Em condições de campo, verificou-se o padrão oposto, com os tipos selvagem e sem néctar a apresentarem os níveis mais elevados e mais baixos de controlo biológico, respetivamente. É sabido que os insetos que visitam as EFNs nem sempre limitam suas atividades de forrageamento a essas plantas, pois os inimigos naturais têm a capacidade de derrubar pragas em plantas próximas (Jezorek et al., 2011; Rezende et al., 2014). De acordo com Rezende et al. (2014), plantas de café sem EFNs lucraram por estarem próximas a árvores de ingá que possuíam o gene. Eles observaram uma correlação negativa entre os danos causados pelo bicho-mineiro do café e a quantidade de visitantes do nectário do ingá. Plantas de vários tipos estavam igualmente separadas por um metro na nossa experiência em estufa, o que sugere que as formigas podem ter atravessado as plantas e atacado ovos de presas sentinelas em plantas próximas. O facto de termos encontrado um controlo biológico mais forte nos tipos selvagens indica que as formigas concentraram a sua predação em ambientes de estufa, o que pode ser explicado pelo facto de as formigas não terem de competir com outras espécies de inimigos naturais por recursos na estufa, o que as impediu de se deslocarem pelas plantas em busca de outros recursos que pudessem ser explorados. É interessante notar que o controlo biológico foi significativamente mais elevado na estufa do que no campo. Isto sugere que, no campo, os inimigos naturais estavam provavelmente menos motivados para atacar os nossos ovos de presas sentinelas porque havia mais pragas à volta para servirem de fonte de alimento alternativa.De facto, o controlo biológico ligado à taxa de predação dos ovos de presas sentinelas de H. armigera subvalorizou a capacidade de todo o controlo biológico a operar no nosso ambiente. Na nossa abordagem, o controlo biológico ligado ao parasitismo dos ovos ou das larvas ou à predação das larvas do verme de Boll pode ter sido significativo mas não foi tido em conta. Uma interpretação alternativa dos nossos resultados é que as taxas de predação no campo foram influenciadas por outros factores desconhecidos, tais como a emissão de compostos orgânicos voláteis (COV), para além da geração de EFN (Dudareva et al., 2006; Heil, 2014). Para determinar se a geração de EFN melhora o controlo de pragas no campo, são necessários estudos manipulativos.

5.4. Impacto dos inimigos naturais em Grapholita molesta

As formigas, predominantemente Formica nitidiventris Emery e Lasius neoniger Emery, influenciaram significativamente tanto o parasitismo como a taxa de eclosão dos ovos de G. molesta. A exclusão de formigas levou a um parasitismo de ovos significativamente mais elevado e a taxas de eclosão de ovos mais baixas, independentemente da presença de néctar extrafloral. Não foram observadas diferenças significativas no parasitismo dos ovos de G. molesta e nas taxas de eclosão entre árvores com e sem néctar extrafloral.

5.4.1.Efeito na sobrevivência das pupas de G. molesta e nas densidades de inimigos naturais

Foi detectada uma interação significativa EFN-formiga para a sobrevivência de pupas de G. molesta, com taxas de sobrevivência mais baixas em árvores com EFNs e formigas. A exclusão de formigas resultou em densidades médias significativamente mais elevadas de predadores e parasitóides em árvores com EFNs em comparação com as árvores sem EFNs.

5.4.2. Resposta dos inimigos naturais:

As vespas parasitas e os predadores, excluindo as formigas, apresentaram respostas semelhantes ao tratamento com EFN. A exclusão de formigas levou a densidades médias significativamente mais altas de vespas parasitas e predadores não-formigas em árvores com EFNs em comparação com aquelas sem EFNs. Foi observada uma interação significativa EFN-formiga para as densidades de adultos de Harmonia axyridis, com densidades mais elevadas nas árvores com EFNs quando as formigas foram excluídas. Foram encontradas correlações negativas entre a sobrevivência de ovos adultos de H. axyridis e G. molesta em árvores com EFNs, bem como entre formigas e a sobrevivência de pupas de G. molesta nessas árvores. O desgaste das pupas foi significativamente afetado pela exclusão de formigas e pelo tratamento com inimigos naturais, com taxas de desgaste mais elevadas na presença de formigas e outros inimigos naturais. As formigas desempenham um papel significativo na influência do parasitismo e das taxas de eclosão dos ovos de G. molesta, com implicações para as densidades de inimigos naturais e para a sobrevivência das pupas. A interação entre formigas, néctar extrafloral e inimigos naturais realça a complexidade da dinâmica ecológica nas estratégias de gestão de pragas.

5.5. Impacto do néctar extrafloral de pêssego em Goniozus floridnus

Goniozus floridanus beneficiou do facto de se alimentar de néctar extrafloral de pêssego, apresentando um aumento da longevidade e das taxas de parasitismo. Respostas semelhantes foram observadas noutros parasitóides e predadores, apoiando a hipótese de que o néctar extrafloral aumenta a aptidão dos parasitóides. Espécies sinovigénicas como Goniozus floridanus beneficiam da alimentação dos adultos para manter a produção de ovos ao longo da sua vida. Observa-se um aumento significativo das taxas de parasitismo apesar da presença de néctar extrafloral de pêssego. A utilização de larvas sentinela para A medição das taxas de parasitismo minimizou o viés, mas as razões para a disparidade incluem a incerteza quanto à limitação de carboidratos para os parasitóides e a disponibilidade de fontes alternativas de alimento nos pomares.

5.5.1. Atração de parasitóides por pessegueiros:

Maior abundância de parasitóides em armadilhas colocadas em pessegueiros em vasos do que em macieiras em vasos. Apesar da presença de néctar extrafloral, os parasitóides não foram significativamente atraídos para os pessegueiros apenas pelo consumo de néctar, sugerindo razões alternativas para a sua presença. A introdução de fontes de néctar extrafloral pode ter tido um impacto nas interacções do ecossistema para além do efeito hipotético nas taxas de parasitismo.

5.5.2. Impacto na produção de frutos:

A avaliação dos danos causados por insectos nos frutos da macieira indicou uma redução dos danos causados por pragas como os pentatomídeos e Quadraspidiotus perniciosus com a adição de pessegueiros com nectários extraflorais. A redução dos danos nos frutos sugere um impacto positivo na produção de frutos, potencialmente atribuído a serviços ecossistémicos para além do controlo biológico. Diminuição das lesões causadas por pentatomídeos e cochonilhas na presença de pessegueiros interplantados, destacando potenciais benefícios para a gestão de pragas em ecossistemas de macieiras. A adição de pessegueiros com nectários extraflorais é promissora para melhorar a gestão das pragas nos ecossistemas da macieira, aumentando a biodiversidade e melhorando potencialmente a produção de frutos.

5.6. O efeito das EFNs nos inimigos naturais

De acordo com Ferreira et al. (2012), os percevejos assassinos são insetos ferozes comedores de artrópodes, porém, ocasionalmente, esses predadores ingerem substâncias provenientes de plantas. Em uma área de savana neotropical, eles examinaram os comportamentos alimentares do reduviídeo Atopozelus opsimus nos nectários extraflorais de Inga vera, membro da família Fabaceae. Foi investigado se os insectos tinham diferentes preferências alimentares em diferentes fases de crescimento e se preferiam o néctar extrafloral ou as presas. Os resultados sugerem, nomeadamente, que não há diferenças na fase de vida ou no comportamento alimentar e que todos os instares e adultos ingerem néctar extrafloral mais frequentemente do que consomem presas atraídas.

Pemberton e Lee (1996) examinaram os efeitos dos nectários extraflorais sobre os níveis de parasitismo da traça-das-areias (Lymantria dispar L.), um inseto herbívoro generalista. Larvas e pupas da traça foram coletadas de árvores nas mesmas florestas sul-coreanas, com e sem nectários extraflorais, a fim de medir o parasitismo. Verificou-se um maior parasitismo nas plantas com nectários extraflorais em quatro dos cinco períodos de recolha e em sete das nove recolhas ao longo da estação nos seis locais. O parasitismo foi mais frequente nos quatro principais géneros de plantas com nectários extraflorais do que em qualquer um dos cinco géneros-chave de plantas sem nectários extraflorais. O número de parasitóides foi o mesmo em todos os grupos; oito das nove espécies eram semelhantes. A quantidade de plantas nos locais com nectários extraflorais e o parasitismo da traça-das-gramíneas apresentaram uma associação positiva e quase significativa. Ao favorecer um maior parasitismo dos insectos herbívoros que atacam as plantas com as glândulas, os nectários extraflorais poderiam diminuir a herbivoria. Adicionalmente, foi demonstrado que as joaninhas Coleoptera: Coccinellidae, como Exoplectra miniata e Coleomegilla maculata, se alimentam de EFN (Almeida et al., 2011; Lundgren e Seagraves, 2011).

De acordo com Pfannenstiel e Patt (2012), os açúcares da melada e do néctar extrafloral podem ser fontes cruciais de alimento para a aranha cursorial nocturna Cheiracanthium inclusum. Quando alimentadas com melada de cochonilhas ou néctar extrafloral de algodão, as plântulas de Cheiracanthium inclusum que não receberam presas tiveram muito mais hipóteses de sobreviver. Quando as crias de Cheiracanthium inclusum foram alimentadas com melada de cochonilhas (37,9±3,5 dias) e néctar extrafloral de algodão (52,6±3,9 dias), a sua longevidade aumentou 62,6% e 87,0%, respetivamente. As plântulas criadas apenas com água duraram apenas 6,1 ± 0,4 dias. De acordo com estes dados, as plântulas tiveram um desempenho consideravelmente melhor com EFN do que com melada.

6. ESTUDOS DE CASO

6.1. Interação entre plantas de algodão (Gossypium spp.) com EFNs e vespas parasitóides (Hymenoptera: Braconidae)

Lundgren (2009), no seu estudo, afirmou que os nectários extraflorais (NEF) são estruturas secretoras de néctar localizadas em várias partes não florais das plantas, tais como folhas, caules e pecíolos. Estas glândulas desempenham um papel crucial na atração de insectos benéficos, incluindo parasitóides, que são importantes agentes de controlo biológico. Os parasitóides põem os seus ovos sobre ou dentro de insectos hospedeiros (geralmente pragas herbívoras), e as suas larvas desenvolvem-se alimentando-se do hospedeiro, acabando por o matar. Este estudo centra-se na interação entre as EFNs e os parasitóides, examinando a forma como as EFNs apoiam as populações de parasitóides e aumentam a sua eficácia no controlo das espécies de pragas.

6.1.1. Espécies de plantas: Algodão (Gossypium hirsutum)

6.1.2. Espécie de parasitoide: Cotesia marginiventris (um parasitoide comum de pragas de lagartas como a lagarta do algodão)

6.1.3. Metodologia: Os investigadores compararam as populações de pragas e parasitóides em campos de algodão com EFNs com as populações em campos onde as EFNs foram removidas experimentalmente. Também monitorizaram as taxas de parasitismo e os danos nas plantas.

Figura 25. Cotesia marginiventris

6.1.4. Conclusões

6.1.4.1. Aumento das taxas de parasitismo: Os campos de algodão com EFNs intactas tiveram taxas de parasitismo de lagartas significativamente mais elevadas do que os campos onde as EFNs foram removidas. As taxas de parasitismo foram aproximadamente 30% mais elevadas nos campos com EFNs.

6.1.4.2. Abundância de Parasitóides: Os campos com EFNs suportaram uma maior abundância de C. marginiventris, indicando que a presença de EFNs ajuda a sustentar as populações de parasitóides.

6.1.4.3. Redução dos danos causados por pragas: As plantas de algodão com EFNs sofreram menos danos causados por pragas herbívoras. A redução dos danos causados pelas pragas foi correlacionada com uma maior atividade dos parasitóides.

6.1.4.4. Utilização do néctar: As observações confirmaram que os adultos de C. marginiventris visitavam frequentemente as EFNs para se alimentarem de néctar, o que lhes fornecia a energia necessária para uma procura prolongada de alimento e interacções hospedeiro-parasita.

6.2. EFNs que melhoram a defesa apoiando os coccinelídeos no algodão

Lundgren (2009) no seu estudo observou que as EFNs fornecem um recurso alimentar para insectos benéficos, promovendo uma relação mutualista que melhora a defesa das plantas. Os escaravelhos, que são predadores importantes de muitas espécies de pragas, beneficiam da fonte de energia adicional fornecida pelas EFN. Este aumento de energia pode levar a taxas de sobrevivência mais elevadas, a um maior sucesso reprodutivo e a uma predação mais eficaz das pragas.

6.2.1. Espécies de plantas: Algodão (Gossypium hirsutum)

6.2.2. Espécies de escaravelhos: Harmonia axyridis (escaravelho asiático), Coccinella septempunctata (escaravelho das sete manchas)

6.2.3. Metodologia: Os investigadores estabeleceram parcelas com e sem EFNs em campos de algodão e monitorizaram as populações de escaravelhos, as densidades de afídeos e os danos nas plantas durante uma estação de crescimento.

6.2.4. Conclusões

6.2.4.1. Aumento da abundância de joaninhas: As parcelas com EFNs tinham números significativamente mais elevados de joaninhas em comparação com as parcelas sem EFNs. Isto sugere que a disponibilidade de néctar dos EFNs suporta populações maiores de joaninhas.

6.2.4.2. Redução das populações de pulgões: As densidades de pulgões foram mais baixas nas parcelas com EFNs devido ao aumento da pressão de predação das joaninhas. As parcelas com EFNs apresentaram uma redução de 40% nas populações de pulgões.

6.2.4.3. Melhoria da saúde das plantas: As plantas de algodão nas parcelas com EFNs apresentaram menos danos causados pela alimentação de pulgões, indicando que as EFNs contribuem para melhorar a saúde das plantas através de um melhor controlo biológico.

6.3. EFNs e Hoverflies em campos de favas

Rijn e Wackers (2016), neste estudo, relataram que os nectários extraflorais (NEFs) são glândulas secretoras de néctar localizadas em partes não florais das plantas. Estas estruturas atraem vários insectos benéficos, incluindo moscas dípteras, alguns dos quais são agentes de controlo biológico eficazes. Certas moscas dípteras, em particular da família Syrphidae (moscas-dos-caminhos), são conhecidas pelo seu papel na gestão de pragas, uma vez que as suas larvas se alimentam de afídeos e outros insectos de corpo mole. Este estudo de caso examina a forma como as EFNs apoiam as moscas dípteras no controlo biológico e aumentam a sua eficácia na gestão das populações de pragas.

As EFNs fornecem uma fonte de alimento consistente para as moscas dípteras adultas, principalmente sob a forma de néctar, que lhes fornece a energia necessária para a sobrevivência, reprodução e forrageamento eficaz. A presença de EFNs pode, por conseguinte, aumentar a aptidão e a atividade destas moscas, conduzindo a um melhor controlo biológico das espécies de pragas.

6.3.1. Espécie de planta: Fava (Vicia faba)

6.3.2. Espécies de moscas dípteras: Episyrphus balteatus (mosca da marmelada), Sphaerophoria scripta

6.3.3. Metodologia: Os investigadores estabeleceram parcelas com e sem EFNs em campos de favas e monitorizaram as populações de moscas varejeiras, as densidades de pulgões e os danos nas plantas durante uma estação de crescimento.

Figura 26. Episyrphus balteatus

6.3.4. Conclusões

6.3.4.1. Aumento da abundância de hoverfly: As parcelas com EFNs atraíram números significativamente mais elevados de hoverflies em comparação com as parcelas sem EFNs. A presença de néctar fornecido pelas EFNs permitiu a existência de maiores populações de hoverfly.

6.3.4.2. Redução das populações de pulgões: As densidades de pulgões foram marcadamente mais baixas nas parcelas com EFNs devido ao aumento da predação por larvas de mosca varejeira. As parcelas com EFNs apresentaram uma redução de 35% nas populações de pulgões.

6.3.4.3. Melhoria da saúde das plantas: As plantas de fava nas parcelas com EFNs apresentaram menos danos causados pela alimentação de pulgões, indicando que as EFNs contribuem para melhorar a saúde das plantas através de um melhor controlo biológico.

7. BENEFÍCIOS E CONDICIONALISMOS DA UTILIZAÇÃO DAS EFN NA AGRICULTURA

7.1. Vantagens

7.1.1. Atração de inimigos naturais: Os EFNs atraem insectos benéficos, tais como predadores e parasitóides. Estes insectos, que incluem formigas, joaninhas e vespas parasitas, alimentam-se do néctar e, em troca, ajudam a controlar as populações de herbívoros, predando-os ou parasitando-os.

7.1.2. Atração de Mutualistas Alternativos: O néctar pode também atrair Mutualistas Alternativos que podem ter uma preferência pelas características do néctar. Por exemplo, certas acácias têm nectários perto das suas inflorescências sem néctar para atrair polinizadores aviários (Vanstone e Patterson, 1988). As plantas podem beneficiar de recursos se as formigas preferirem nidificar perto (ou dentro) de plantas que libertam néctar abundante, uma vez que as colónias de formigas acumulam consumo rico em nutrientes (Wagner 1997).

7.1.3. Aumento da eficiência dos predadores: A presença de EFNs proporciona uma fonte de alimento fiável para os predadores, permitindo-lhes manter as suas populações mesmo quando as presas são escassas. Este fornecimento consistente de alimento pode aumentar a eficiência global e a estabilidade dos agentes de controlo biológico na gestão das populações de pragas.

7.1.4. Aumento da atividade de forrageamento: O acesso ao néctar das EFNs pode aumentar a atividade de forrageamento dos predadores e parasitóides. Isto leva a um maior movimento e interação com as populações de pragas, melhorando assim as hipóteses de as pragas serem localizadas e controladas.

7.1.5. Apoiar a sobrevivência e a reprodução dos predadores: O néctar dos EFNs pode ser um recurso crítico para a sobrevivência e reprodução dos agentes de controlo biológico. A fonte de energia adicional ajuda a manter populações mais elevadas destes insectos benéficos, assegurando a sua presença quando ocorrem surtos de pragas.

7.1.6. Melhoria da saúde das plantas: Ao atrair inimigos naturais dos herbívoros, as EFN contribuem indiretamente para melhorar a saúde das plantas e reduzir os danos causados pelas pragas. Isto pode levar a um melhor crescimento e rendimento das plantas.

7.1.7. Redução da necessidade de pesticidas químicos: Com um controlo biológico eficaz através de inimigos naturais atraídos por EFNs, a dependência de pesticidas químicos pode ser reduzida. Isto promove uma abordagem mais sustentável e amiga do ambiente para a gestão de pragas.

7.2. Limitações

Os fisiologistas vegetais podem ter estado preocupados com os custos de afetação relacionados com a produção de EFN. A indução de EFN nunca foi relacionada com o corte geral de defensivos, apesar do facto de ocorrerem trade-offs entre características defensivas das plantas (Koptur 1985). No entanto, a informação disponível atualmente indica que estas despesas são negligenciáveis e não devem impedir a adoção de EFN na agricultura. Os criadores comerciais têm frequentemente escolhido propositadamente cultivares sem néctar, acreditando que a atração de insectos é prejudicial, apesar dos benefícios defensivos bem estabelecidos da produção de EFN. As tácticas de reprodução têm frequentemente ignorado a regulação descendente, e as interacções com o terceiro nível trófico estão comprometidas em muitas linhas de culturas comerciais em comparação com concorrentes selvagens (Heil 2015). A tendência dos criadores para ignorar os métodos de controlo biológico é alarmante por si só, mas também sugere um problema maior. Muitos agricultores estabelecem os seus objectivos de controlo de pragas numa diminuição de 100% da infestação, especialmente os grandes produtores. Tais objectivos não podem ser atingidos por programas de gestão biológica de pragas, que visam controlar e não erradicar as espécies de pragas; em vez disso, só podem ser atingidos através da utilização de pesticidas.

Muitos outros artrópodes podem explorar as EFNs na ausência de parceiros formigas viáveis, tendo potencialmente impactos neutros ou prejudiciais na aptidão das plantas (Koptur 1992a; Heil et al. 2004b). As características de proteção das próprias formigas são diferentes. Ao consumir néctar, as espécies de formigas parasitas que danificam ativamente ou são incapazes de defender as suas plantas hospedeiras podem colonizar áreas onde se produz EFN.

Para serem benéficas para as plantas produtoras de EFN, as formigas devem ocupar uma posição trófica em que são atraídas por EFN e funcionam principalmente como predadoras da planta. No entanto, pode haver diferenças significativas no estatuto trófico das formigas e nos seus hábitos de forrageamento, mesmo dentro da mesma espécie, devido a factores ecológicos (Wilder et al. 2011).

Um problema importante nos ecossistemas agrícolas, que raramente suportam populações estáveis de insectos benéficos, pode ser o custo ecológico da produção de EFN. Sabe-se também que as variáveis abióticas, como a disponibilidade de luz (Heil et al. 2001b) ou a disponibilidade nutricional, podem ter impacto na produção de EFN e na sua eficácia como defesa das plantas. Assim, o contexto ecológico tem um impacto importante nos resultados das interacções mediadas por EFN. Este facto constitui, sem dúvida, o maior desafio para a aplicação de EFN na gestão de pragas agrícolas.

8. CONCLUSÃO

Os nectários extraflorais (NEF) desempenham um papel importante no reforço dos agentes de controlo biológico nos ecossistemas agrícolas e naturais. Os NFE atraem e sustentam artrópodes benéficos, tais como insectos predadores e parasitóides, que ajudam a controlar as populações de pragas. Ao fornecer uma fonte de alimento consistente e fiável sob a forma de néctar, as EFN aumentam a longevidade, a fecundidade e a eficácia destes agentes de controlo biológico. Em comparação com a sua contraparte floral, o EFN é utilizado pelos inimigos naturais com uma frequência significativamente maior, e é evidente que as vantagens obtidas pelas actividades das espécies entomófagas equilibram grandemente os custos incorridos pela planta. Os artrópodes entomófagos são um elemento do sistema imunitário que as plantas utilizam para responder à herbivoria. As plantas podem transmitir o seu desconforto às plantas vizinhas através da utilização de EFNs, que podem servir como defesa constitutiva ou induzida. Cada vez mais evidências apontam para o facto de as plantas utilizarem mecanismos de defesa indirectos, para além das barreiras físicas e químicas que visam diretamente as pragas. As plantas podem utilizar a sinalização para atrair parasitóides e predadores como um mecanismo de defesa indireto. Com a ajuda dos nectários extraflorais, um possível hospedeiro ou presa. Consequentemente, a integração de plantas com EFNs em estratégias de gestão de culturas pode reduzir a dependência de pesticidas químicos, promovendo práticas de controlo de pragas sustentáveis e amigas do ambiente. A investigação futura deve centrar-se na otimização da utilização de EFNs em diversos sistemas de cultivo para maximizar os seus potenciais benefícios para a gestão integrada de pragas.

REFERÊNCIA

Adler, L. S. e R. E. Irwin. 2005. Custos e benefícios ecológicos das defesas no néctar. Ecology, **86**(11): 2968-2978.

Adler, L. S. e R. E. Irwin. 2012. Os alcalóides do néctar diminuem a polinização e a reprodução feminina numa planta nativa. Oecologia, **168**: 1033-1041.

Agrawal, A. A. e R. Karban. 1997. Domatia medeia o mutualismo entre plantas e artrópodes. Nature,
387 (6633): 562-563.

Agarwal, V. M. e N. Rastogi. 2010. Ants as dominant insect visitors of the extrafloral nectaries of sponge gourd plant, Luffa cylindrica (L.) (Cucurbitaceae). Asian Myrmecology, **3**: 45-54.

Aguirre, A., R. Coates, G. Cumplido-Barragan, A. Campos Villanueva, e C. Diaz-Castelazo. 2013. Caracterização morfológica de nectários extraflorais e formigas associadas na vegetação tropical de Los Tuxtlas, México. Flora, **208**: 147-156.

Alves-Silva, E. e K. Del-Claro. 2013. Efeito da rebrota pós-incêndio na assimetria flutuante das folhas, na qualidade do néctar extrafloral e nas interações formiga-planta-herbívoro. Naturwissenschaften, **100**(6): 525-532.

Arnold, T. M. e J.C. Schultz. 2002. Induced sink strength as a prerequisite for induced tannin biosynthesis in developing leaves of Populus. Oecologia, **130**: 585-593.

Arnold, T., H. Appel, V. Patel, E. Stocum, A. Kavalier e J. C. Schultz. 2004. A translocação de hidratos de carbono determina o conteúdo fenólico da folhagem de Populus: A test of the sink- source model of plant defence. New Phytologist, **164**: 157-164.

Ashfaq, M., G. S. Shah, A. R. Noor, S. P. Ansari e S. Mansoor. 2010. Relatório de uma vespa parasita (Hymenoptera: Encyrtidae) que parasita a cochonilha do algodão (Hemiptera: Pseudococcidae) no Paquistão e uso de PCR para estimar os níveis de parasitismo. Biocontrol Science, **20**(6): 625-630.

Baker, H. G., P. A. Opler e I. Baker. 1978. A comparison of the amino acid complements of floral and extrafloral nectars. Botanical Gazette, **139**: 322-332.

Bakker, F. M. e M. E. Klein. 1993. Coexistência de ácaros predadores mediada pela planta hospedeira: o papel do néctar extrafloral e da domatia extrafoliar na mandioca. Selecting Phytoseiid predators for biological control, with the emphasis on the significance of tritrophic interactions, pp. 33-63: 33-63.

Banks, C. J. 1957. The behaviour of individual coccinellid larvae on plants. Animal Behaviour, **5**: 12-24.

Barrett, L. G. e M. Heil. 2012. Unificando conceitos e mecanismos na especificidade das interações planta-inimigo. Tendências em Ciências Vegetais, **17**: 282-292.

Beach, R. M., J. W. Todd e S. H. Baker. 1985. Cultivares de algodão com e sem nectarina como fontes de nectarina para a lagarta da soja adulta. Journal of Entomological Science, **20**: 233-236.

Benrey, B. e R. F. Denno. 1997. A hipótese do crescimento lento e da alta mortalidade: Um teste usando a borboleta da couve. Ecology, **78**: 987-999.

Bentley, B. L. 1977. Extrafloral nectaries and protection by pugnacious bodyguards. Annual Review of Ecology and Systematics, **8**: 407-427.

Bixenmann, R. J., P. D. Coley e T. A. Kursar. 2011. A produção de néctar extrafloral é induzida por herbívoros ou formigas num mutualismo tropical facultativo formiga-planta? Oecologia, **165**: 417-425.

Bleil R, N. Bluethgen e R. Junker. 2011. Mutualismo formiga-planta no Havai? As formigas invasoras reduzem o parasitismo das flores, mas também exploram o néctar floral do arbusto endémico Vaccinium reticulatum (Ericaceae). Pacific Science, **65**: 291-300.

Bluthgen, N., M. Verhaagh, W. Goitia, K. Jaffe, W. Morawetz e W. Barthlott. 2000. How plants shape the ant community in the Amazonian rainforest canopy: The key role of extrafloral nectaries and homopteran honeydew. Oecologia, **125** (2): 229-240.

Brown, M. W., C. R. Mathews e G. Krawczyk. 2010. Néctar extrafloral num ecossistema de macieiras para melhorar o controlo biológico. Journal of Economic Entomology, **103**: 1657-1664.

Bruce-Oliver, S. J., M. A. Hoy e J. S. Yaninek. 1996. Efeitos de algumas fontes alimentares associadas à mandioca em África no desenvolvimento, fecundidade e longevidade de Euseius fustis (Pritchard e Baker) (Acari: Phytoseiidae). Experimental and Applied Acarology, **20**: 73-85.

Buckley, R. C. 1987. Interações envolvendo plantas, homópteros e formigas. Revisão Anual de Ecologia e Sistemática, **18** (1): 111-135.

Bugg, R. L. (1987). Observações sobre insectos associados a uma árvore chilena portadora de néctar,
Quillaja saponaria Molina (Rosaceae). Pan-Pacific Entomologist, 63, 60-64.

Byk, J., e K. Del-Claro. 2011. Interação formiga-planta na savana neotropical: efeitos benéficos directos do néctar extrafloral na aptidão das colónias de formigas. Population Ecology, 53: 327-332.

Caldwell, D. L. e K. O. Gerhardt. 1986. Análise química do exsudado do nectário extrafloral do pêssego. Phytochemistry, **25**: 411-413.

Calixto, E. S., D. Lange e K. Del-Claro. 2015. Defesas foliares anti-herbívoras em Qualea multiflora Mart. (Vochysiaceae): Mudança de estratégia de acordo com o desenvolvimento da folha. Flora, **212**: 19-23.

Cardoso-Gustavson, P., J. M. R. Bignelli Valente Aguiar, E. R. Pansarin e F. de Barros. 2013. Uma luz na sombra: O uso da técnica Lucifer Yellow para demonstrar a reabsorção de néctar.

Métodos Vegetais, 9: 20.

Carter, C. e R. W. Thornburg. 2000. Tobacco Nectarin I: Purificação e caraterização como uma superóxido dismutase de manganês, semelhante à germinação, implicada na defesa dos tecidos reprodutivos florais. Journal of Biological Chemistry, **275**: 36726-36733.

Carter, C. e R. W. Thornburg. 2004. O ciclo redox do néctar é uma defesa floral contra o ataque microbiano? Trends in Plant Science, **9**: 320-324.

Cavallini, L., R. K. D. Peterson e D. K. Weaver. 2023. O néctar extrafloral do feijão-caupi tem potencial para fornecer serviços ecossistémicos perdidos na intensificação agrícola e apoiar parasitóides nativos que suprimem a mosca-serra do caule do trigo. Journal of Economic Entomology, **116** (3): 752-760.

Choh, Y., S. Kugimiya e J. Takabayashi. 2006. Produção induzida de néctar extra-floral em plantas intactas de feijão-lima em resposta a voláteis de plantas conspecíficas infestadas de ácaros-aranha como uma possível defesa indireta contra os ácaros-aranha. Oecologia, **147**: 455-460.

Coulter, A., B. A. D. Poulis e P. Von Aderkas. 2012. Gotas de polinização como secreções apoplásticas dinâmicas. Flora, **207**: 482-490.

Coutinho, I. A. C., D. M. T. Francino, A. A. Azevedo e R. M. S. Alves Meira. 2012. Anatomia dos nectários extraflorais em espécies de Chamaecrista secção Absus subsecção Baseophyllum (Leguminosae, Caesalpinioideae). Flora, **207**: 427-435.

Dattilo, W., A. Aguirre, R. V. Flores-Flores, R. Fagundes, D. Lange, J. Garcia-Chavez e K. Del-Claro. 2015. Atividade secretora de nectários extraflorais moldando interações multitróficas formiga-planta-herbívoro em um ambiente árido. Environments, **114**: 104-109.

Limburg, D. D. e J. A. Rosenheim. 2001. Consumo de néctar extrafloral e sua influência na sobrevivência e no desenvolvimento de um predador omnívoro, a larva de Chrysoperla plorabunda (Neuroptera: Chrysopidae). Environmental Entomology, **30** (3): 595-604.

De Lima, J. O. G. e T. F. Leigh. 1984. Effect of cotton genotypes on the western big-eyed bug (Heteroptera: Miridae). Journal of Economic Entomology, **77**: 898-902.

Dreyer, B. S., P. Neuenschwander, J. Baumgartner e S. Dorn. 1997. Influências tróficas na sobrevivência, desenvolvimento e reprodução de Hyperaspis notata (Col., Coccinellidae). Journal of Applied Entomology, **121**: 249-256.

Dudareva, N., F. Negre, D. A. Nagegowda e I. Orlova. 2006. Plant volatiles: Avanços recentes e perspectivas futuras. Revisões críticas em ciências vegetais, **25** (5): 417- 440.

Elias, T. S. e H. Gelband (1975). Néctar: Sua produção e funções na trepadeira trombeta. Ciência, **189**: 289-291.

Elias, T. S. 1983. Nectários extraflorais: Sua estrutura e distribuição. Em T. S. Elias e B. L. Bentley (Eds.), The Biology of Nectaries. Columbia University Press. pp. 174- 213

Escalante-Perez, M., e M. Heil. 2012. Secreção de néctar: Seu contexto ecológico e regulação fisiológica. Secreções e exsudados em sistemas biológicos, **12**: 187- 219.

Escalante-Perez, M., M. Jaborsky, S. Lautner, J. Fromm e T. Muller. 2012. Nectários extraflorais do choupo: Dois tipos, duas estratégias de defesas indirectas contra herbívoros. Plant Physiology, **159**: 1176-1191.

Ewing, H. E. 1913. Notes on Oregon coccinellidae. Journal of Economic Entomology, **6**: 404-407.

Fagundes, R., W. Dattilo, S. P. Ribeiro, V. Rico-Gray, P. Jordano e K. Del-Claro. 2017. Diferenças entre espécies de formigas na proteção de plantas estão relacionadas à produção de néctar extrafloral e grau de herbivoria foliar. Biological Journal of the Linnean Society, **122**(1): 71-83.

Fisher, B. L. e B. Bolton. 2016. Formigas de África e Madagáscar: Um guia para os géneros. Univ of California Press. pp. 512.

Frey-Wyssling A, M. Zimmermann e A. Maurizio. 1954. Uber den enzymatischen Zuckerumbau in Nektarien. Experientia, **10**(12): 490-491.

Galletto, L. e G. Bernardello. 2004. Nectários florais, dinâmica da produção de néctar e composição química em seis espécies de Ipomoea (Convolvulaceae) em relação aos polinizadores. Anais de Botânica, **94**: 269-280.

Garcia de Almeida, O. J., A. A. Sartori Paoli e J. H. Cota Sanchez. 2012. Levantamento macro e micromorfológico dos nectários florais e extraflorais no cato epífito Rhipsalis teres (Cactoideae: Rhipsalideae), Flora, **207**: 119-125.

Geneau C.E., F. L. Wackers, H. Luka e O. Balmer. 2013. Efeitos do néctar extrafloral e floral de Centaurea cyanus na vespa parasitoide Microplitis mediator: Atratividade olfativa e taxas de parasitização, Biological Control, **66**: 16-20.

Geneau, C. E., F. L. Wackers, H. Luka, C. Daniel e O. Balmer. 2012. Flores seletivas para melhorar o controle biológico de pragas de repolho por parasitóides. Ecologia Básica e Aplicada, **13**: 85-93.

Geyer, J. W. C. 1947. A study of the biology and ecology of Exochomus flavipes Thunb. (Coccinellidae, Coleoptera). Journal of the Entomological Society of South Africa, **9**: 219-234.

Giron, D., J. Casas. 2003. Lipogénese numa vespa parasita adulta. Jornal de Fisiologia de Insectos, **49** (2): 141-147.

Gish, M., C. M. Mescher e C. M. De Moraes. 2016. Defesas mecânicas de nectários extraflorais de plantas contra herbivoria. Biologia Comunicativa e Integrativa, **9** (3): 117-131.

Gonzalez-Teuber, M., S. Eilmus, A. Muck, A. Svatos e M. Heil. 2009. As proteínas relacionadas com a patogénese protegem o néctar extrafloral da infestação microbiana. Plant Journal, **58**: 464-473.

Gonzalez-Teuber, M., M. J. Pozo, A. Muck, A. Svatos, R. M. Adame-Alvarez e M. Heil. 2010. Glucanases e quitinases como agentes causais na proteção do néctar extrafloral de Acacia contra a infestação por fitopatógenos. Fisiologia Vegetal, **152**: 1705- 1515.

Gonzalez, A. M. 2011. Domaciosy nectarios extraflorales en Bignoniaceas: componentes vegetales de una interaccion mutualistica. Boletin de la Sociedad Argentina de Botanica, **46**: 271-288.

Gonzalez-Teuber, M., J. C. Silva-Bueno, W. Boland e M. Heil. 2012. O aumento do investimento do hospedeiro em néctar extrafloral (EFN) melhora a eficiência de um serviço defensivo mutualista. Plos one, **7**: 46-59.

Gouinguene, S., T. Degen e T. C. J. Turlings. 2001. Variabilidade das emissões de odores induzidas por herbívoros entre cultivares de milho e os seus antepassados selvagens (teosinte). Chemoecology, **11**: 9-16.

Hagen, K. S. 1962. Biology and ecology of predaceous Coccinellidae. Revisão Anual de Entomologia, **7**: 289-326.

Hagen, K. S. (1986). Análise do ecossistema: cultivares de plantas (HPR), espécies entomófagas e suplementos alimentares. Interactions of plant resistance and parasitoids and predators of insects, Wiley, New York. pp. 151-197.

Hagenbucher, S., D. M. Olson, J. R. Ruberson, F. L. Wackers e J. Romeis. 2013. Mecanismos de resistência contra herbívoros artrópodes no algodão e suas interações com inimigos naturais. Revisões críticas em ciências vegetais, **32** (6): 458-482.

Heil, M., T. Koch, A. Hilpert, B. Fiala, W. Boland e K. E. Linsenmair. 2001. A produção de néctar extrafloral da planta associada às formigas, Macaranga tanarius, é uma resposta defensiva indireta induzida pelo ácido jasmónico. Anais da Academia Nacional de Ciências dos EUA, **98**: 1083-1088.

Heil, M., S. Greiner, H. Meimberg, R. Kruger e J. L. Noyer. 2004. Evolutionary change from induced to constitutive expression of an indirect plant resistance [Mudança evolutiva da expressão induzida para a expressão constitutiva de uma resistência indireta das plantas]. Nature, **430**: 205-208.

Heil, M. e J. C. Silva Bueno. 2007. A sinalização intra-planta por voláteis leva à indução e à preparação de uma defesa indireta da planta na natureza. Proceedings of the National Academy of Sciences, **104**: 5467-5472.

Heil, M. 2008. Defesa indireta através de interacções tritróficas. New Phytologist, **178**: 41-61.

Heil, M. 2014. Voláteis de plantas induzidos por herbívoros: Alvos, perceção e perguntas sem resposta. Journal of Physiology, **204**(2): 297-306.

Heil, M. 2015. Néctar extrafloral na interface planta-inseto: Um foco na ecologia química, plasticidade fenotípica e teias alimentares. Revisão Anual de Entomologia, **60**: 213-232.

Heimpel, G. E. e M. A. Jervis. 2005. Does floral nectar improve biological control by parasitoids. Em Plant-provided food for Carnivorous insects: A Protective Mutualism and its

Applications, Cambridge University Press, Cambridge, UK. pp. 267-304.

Hernandez, L. M., J. Tupac Otero e M. R. Manzano. 2013. Controlo biológico da mosca branca de estufa por Amitus fuscipennis: Compreender o papel dos nectários extraflorais da vegetação cultivada e não cultivada. Controlo Biológico, **67**: 227-234.

Hillwig, M. S., C. Kanobe, R. W. Thornburg e G. C. MacIntosh. 2011. Identificação de S-RNase e peroxidase em néctar de petúnia. Journal of Plant Physiology, **168**: 734-738.

Holland, J. N., S. A. Chamberlain e K. C. Horn. 2009. A teoria da defesa óptima prevê o investimento em recursos de néctar extrafloral num mutualismo formiga-planta. Journal of Ecology, **97**: 89-96.

Holland, J. N., S. A. Chamberlain e K. C. Horn. 2010. Variação temporal na secreção de néctar extrafloral pelos tecidos reprodutivos do cato senita, Pachycereus schottii (Cactaceae), no deserto de Sonora, no México. Journal of Arid Environments, **74**: 712-714.

Holopainen, J. K., J. D. Blande e J. Sorvari. 2020. Papel funcional do néctar extrafloral nos ecossistemas florestais boreais sob as alterações climáticas. Forests, **11** (1): 67.

Hopper, K. R. e E. G. King. 1984. Alimentação e movimento no algodão de espécies de Heliothis (Lepidoptera: Noctuidae) parasitadas por Microplitis croceipes (Hymenoptera: Braconidae). Environmental Entomology, **13**: 1654-1660.

Jamont, M., S. Crepelliere e B. Jaloux. 2013. Efeito do fornecimento de néctar extrafloral no desempenho do parasitoide adulto Diaeretiella rapae. Controlo Biológico, **65**: 271-277.

Jezorek, H., P. Stiling e J. Carpenter. 2011. Predação por formigas num herbívoro invasor: Pode uma planta produtora de néctar extrafloral fornecer resistência associativa a indivíduos de Opuntia? Invasões Biológicas, **13**(10): 2261-2273.

Kant, R., M. A. Minor e S.A. Trewick. 2012. Ganho de aptidão em um parasitoide koinobiont Diaeretiella rapae (Hymenoptera: Aphidiidae) ao parasitar hospedeiros de diferentes idades. Journal of Asia-Pacific Entomology, **15**: 83-87.

Katayama, N. e N. Suzuki. 2011. Defesa anti-herbívora de duas espécies de Vicia com e sem nectários extraflorais. Plant Ecology, **212**: 743-752.

Katayama, N., D.H. Hembry, M. K. Hojo e N. Suzuki. 2013. Por que as formigas mudam seu forrageamento de néctar extrafloral para melada de pulgão? Ecology Research, **28**: 919- 926.

Keeler, K. H. 1977. Os nectários extraflorais de Ipomoea carnea (Convulvulaceae). American Journal of Botany, **64**: 1182-1188.

Keeler, K.H.1978. Insectos que se alimentam em nectários extraflorais nectários extraflorais delpomoea carnea (Convolvulaceae). Notícias Entomológicas, **89**: 163-168.

Kessler, D. e I. T. Baldwin. 2007. Making sense of nectar scents: The effects of nectar secondary metabolites on floral visitors of Nicotiana attenuata. The Plant Journal, **49**(5): 840-854.

Kessler, D., K. Gase e I. T. Baldwin. 2008. Experiências de campo com plantas transformadas revelam o sentido dos aromas florais. Science, **321:** 1200-1202.

Kohler, A., C. W. W. Pirk e S. W. Nicolson. 2012. Abelhas e nicotina no néctar: dissuasão e redução da sobrevivência versus potenciais benefícios para a saúde. Journal of Insect Physiology, **58:** 286-292.

Koptur, S., M. Palacios-Rios, C. Díaz-Castelazo, W. P. Mackay e V. Rico-Gray. 2013. Secreção de néctar em frondes de samambaia associada a níveis mais baixos de danos causados por herbívoros: Experiências de campo com uma epífita generalizada de remanescentes da floresta nublada mexicana. Annals of Botany, **111**(6): 1277-1283.

Koptur, S., I. M. Jones e J.E. Pena. 2015. A Influência dos Nectários Extraflorais da Planta Hospedeira nas Interações Multitróficas: An Experimental Investigation. Plos one, **10**(9): 138-157.

Kost, C. e M. Heil. 2005. O aumento da disponibilidade de néctar extrafloral reduz a herbivoria em plantas de feijão-de-lima (Phaseolus lunatus, Fabaceae). Basic and Applied Ecology, **6:** 237- 248.

Kost, C. e M. Heil. 2006. Os voláteis de plantas induzidos por herbívoros induzem uma defesa indireta nas plantas vizinhas. Journal of Ecology, **94:** 619-628.

Krebs, C. J., S. Boutin, R. Boonstra, A. R. E. Sinclair, J. N. M. Smith, M. R. T. Dale, K. Martin e R. Turkington. 1995. Impact of food and predation on the snowshoe hare cycle. Science, **269:** 1112-1115.

Krombein, K. V., B. B. Norden, M. M. Rickson e F. R. Rickson. 1999. Biodiversidade dos ocupantes de domácias (formigas, vespas, abelhas e outros) do mirmecófito do Sri Lanka Humboldtia laurifolia Vahl (Fabaceae). Smithsonian Contributions to Zoology, **603:** 1-34.

Lach, L. e R. J. Hobbs. 2009. O néctar extrafloral induzido por herbivoria aumenta a sobrevivência de operárias de formigas nativas e invasoras. Population Ecology, **51:** 237-243.

Lach, L. e B.D. Hoffmann. 2011. As formigas invasoras são melhores mutualistas de defesa das plantas? Uma comparação do patrulhamento da folhagem e da herbivoria em locais com formigas loucas amarelas invasoras e formigas tecelãs nativas. Oikos, **120:** 9-16.

Lach, L., C. V. Tillberg e A. V. Suarez. 2010. Efeitos contrastantes de uma formiga invasora numa planta nativa e numa planta invasora. Biological Invasions, **12:** 3123-3133.

Lanan, M. C. e J. L. Bronstein. 2013. Uma visão de formiga de um mutualismo de proteção de formiga-planta. Oecologia, **172:** 779-790.

Lange, D., E.S. Calixto e K. Del-Claro. 2017. Variação na produtividade do nectário extrafloral influencia o forrageamento de formigas. Plos One, **12** (1): 169-182.

Lee, J. C., G. E. Heimpel e G. L. Leibee. 2004. Comparação das dietas de néctar floral e de melada de pulgão na longevidade e nos níveis de nutrientes de uma vespa parasitoide. Entomologia Experimentalis et Applicata, **111**(3): 189-199.

Lewis, W. J. e K. Takasu. 1990. Uso de odores aprendidos por uma vespa parasita de acordo com as necessidades do hospedeiro e do alimento. Nature, **348**: 635-636.

Lewis, W. J., J. O. Stapel, A. M. Cortesero e K. Takasu. 1998. Understanding how parasitoids balance food and host needs: Importância para o controlo biológico. Biological Control, **11**: 175-183.

Li, T., J. K. Holopainen, H. Kokko, A. I. Tervahauta e J. D. Blande. 2012. Os voláteis de álamo tremedor induzidos por herbívoros regulam temporariamente duas defesas indirectas diferentes em plantas vizinhas. Functional Ecology, **26**: 1176-1185.

Llandres, A. L., O. Verdeny-Vilalta, J. Jean, F. R. Goebel, O. Seydi e T. Brevault. 2019. Nectários extraflorais de algodão como defesa indireta contra pragas de insetos. Ecologia Básica e Aplicada, **37**: 24-34.

Loughrin, J., A. Manukian, R. Heath e J. Tumlinson. 1995. Volatiles issued by different cotton varieties damaged by feeding beet armyworm larvae. Journal of Chemical Ecology, **21**: 1217-1227.

Lundgren, J. G. 2009. Relationships of natural enemies and non-prey foods (Relações entre inimigos naturais e alimentos que não são presas). Springer Science and Business Media, Vol. 7. pp. 61-72

Mathews, C. R. (2005). Papel dos nectários extraflorais do pessegueiro (Prunus persica (L.) Batsch) na mediação das interacções com herbívoros inimigos naturais. Universidade de Maryland, College Park.

Mathews, C. R., M. W. Brown e D. G. Bottrell. 2007. Os nectários extraflorais das folhas melhoram o controlo biológico de uma praga económica importante, Grapholita molesta (Lepidoptera: Tortricidae), no pessegueiro (Rosales: Rosaceae). Environmental Entomology, **36**: 383- 389.

Mathews, C. R., D. G. Bottrell e M. W. Brown. 2009. Os nectários extraflorais alteram a estrutura da comunidade de artrópodes e medeiam a defesa das plantas de pêssego (Prunus persica). Ecological Applications, **19**: 722-730.

Matsuka, M., M. Watanabe e K. Niijima. 1982. Longevidade e oviposição de escaravelhos Vedalia em dietas artificiais. Environmental Entomology, **11**: 816-819.

McKey, D. 1974. Adaptive patterns in alkaloid physiology (Padrões adaptativos na fisiologia dos alcalóides). American Naturalist, **108**, 305-320.

McMurtry, J. A. e G. T. Scriven. 1966. Effects of artificial foods on reproduction and development of four species of phytoseiid mites. Annals of the Entomological Society of America, **59**: 267-269.

Millan-Canongo, C., D. Orona-Tamayo e M. Heil. 2014. O fluxo de açúcar do floema e a invertase da parede celular responsiva ao ácido jasmônico controlam a secreção de néctar extrafloral em Ricinus communis. Journal of Chemical Ecology, **40**: 760-769.

Mondal, A. K., T. Chakraborty e S. Mondal. 2013. Forrageamento de formigas em nectários extraflorais [EFNs] de Ipomoea pescaprae (Convolvulaceae) na vegetação de dunas: As formigas como potenciais agentes anti-herbívoros. Indian Journal of Geo-Marine Sciences, **42**(1): 67- 74.

Moog, J., K. Atzinger, R. Hashim e U. Maschwitz. 2008. Os inquilinos pagam sempre a renda? A formiga-planta asiática Pometia pinnata (Sapindaceae) e a sua domatia foliar proporcionam livre acesso a formigas generalistas. Asian Myrmecology, **2**: 17-32.

Moya-Raygoza, G. e K. J. Larsen. 2001. Temporal resource switching by ants between honeydew produced by the fivespotted gama grass leafhopper (Dalbulus quinquenotatus) and nectar produced by plants with extrafloral nectaries. The American Midland Naturalist, **146**(2): 311-320.

Nalepa, C. A., S. B. Bambara e A. M. Burroughs. 1992. Alimentação de pólen e néctar por Chilocorus kuwanae (Silvestri) (Coleoptera: Coccinellidae). Actas da Sociedade Entomológica de Washington, **94**: 596-597.

Nalini, T., R. Jayanthi e T. Selvamuthukumaran. 2019. Estudos sobre Morfologia, Distribuição de EFNs e Associação de Formigas com Plantas Portadoras de Nectários Extra-Florais. Arquivos de plantas, **19**(1): 1699-1710.

Nedved, O., P. Ceryngier, M. Hodkova e I. Hodek. 2001. Flight potential and oxygen uptake during early dormancy in Coccinella septempunctata. Entomologia Experimentalis et Applicata, **99**: 371-380.

Nepi, M. 2014. Para além da doçura do néctar: O papel ecológico oculto dos aminoácidos não proteicos no néctar. Journal of Ecology, **102**(1): 108-115.

Nepi, M. 2017. Novas perspectivas na evolução e ecologia do néctar: Simples recompensa alimentar ou uma complexa interação multiorganismo? Ata Agrobotanica, **70**(1): 1-12.

Ness, J. H. e J. L. Bronstein. 2004. The effects of invasive ants on prospective ant mutualists. Biological Invasions, **6**: 445-461.

Ness, J. H., W. F. Morris e J. L. Bronstein. 2009. Para plantas protegidas por formigas, a melhor defesa é um ataque faminto. Ecology, **90**(10): 2823-2831.

Newman, J. R. e D. Wagner. 2013. A influência da disponibilidade de água e da desfoliação na secreção de néctar extrafloral em quaking aspen (Populus tremuloides). Botânica, **91**: 761-767.

Newman, J. R., D. Wagner e P. Doak. 2016. Impacto da disponibilidade de néctar extrafloral e do genótipo da planta na visitação de formigas (Hymenoptera: Formicidae) a quaking aspen (Salicaceae). The Canadian Entomologist, **148**(1): 36-42.

Nibouche, S., T. Bervault, C. Klassou, D. Dessauw e B. Hau. 2008. Avaliação da resistência do germoplasma de algodão (Gossypium spp.) a afídeos (Homoptera, Aphididae) e cigarrinhas (Homoptera: Cicadellidae, Typhlocybinae): Metodologia e variabilidade genética. Plant Breeding, **127**(4): 376-382.

Offenberg, J. 2001. Equilíbrio entre mutualismo e exploração: A interação simbiótica entre as formigas Lasius e os afídeos. Behavioural Ecology and Sociobiology, **49**: 304-310.

Oliveira, P. S., A. V. Freitas e K. Del-Claro. 2002. Forrageamento de formigas na folhagem das plantas: Efeitos contrastantes na ecologia comportamental de insectos herbívoros. Em K. J. Feeley e T. M. Meehan (Eds.), The Cerrados of Brazil: Ecology and Natural History of a Neotropical Savanna, Columbia University Press. pp. 287-305.

Orona-Tamayo, D., N. Wielsch, A. Blanco-Labra, A. Svatos, R. Farıa-Rodrıguez e M. Heil. 2013. Recompensas exclusivas em mutualismos: Proteases de formigas e inibidores de proteases de plantas criam um sistema de chave de bloqueio para proteger os corpos alimentares de Acacia da exploração. Molecular Ecology, **22**: 4087-4100.

Paiva, E. A. S. e L. C. Martins. 2014. Estrutura do nectário recetacular e metabolismo circadiano do amido na planta formiga-guarda Ipomoea cairica (Convolvulaceae). Biologia Vegetal, **16**: 244-251.

Pate, J. S., M. B. Peoples, P. J. Storer e C. A. Atkins. 1985. Os nectários extraflorais do feijão-frade (Vigna unguiculata (L.) Walp.) II. Composição do néctar, origem dos solutos do néctar e funcionamento do nectário. Planta, **166**(1): 28-38.

Patt, J. M., G. C. Hamilton e J. H. Lashomb. 1999. Respostas de duas vespas parasitóides a odores de néctar em função da experiência. Entomologia Experimentalis et Applicata, **90**(1): 1-8.

Pemberton, R. W. e J. H. Lee. 1996. A influência dos nectários extraflorais no parasitismo de um inseto herbívoro. American Journal of Botany, **83**: 1187-1194.

Pena, J. E., A. I. Mohyuddin e M. Wysoki. 1998. A review of the pest management situation in mango agroecosystems. Phytoparasitica, **26**: 129-148.

Pereira, C. C., M. G. Boaventura, G. C. D. Castro e T. Cornelissen. 2020. Os nectários extraflorais são eficientes contra herbívoros? Herbivoria e defesas das plantas em espécies tropicais contrastantes. Journal of Plant Ecology, **13**(4): 423-430.

Pfannenstiel, R. S. e J. M. Patt. 2012. Alimentar-se de açúcares do néctar e da melada melhora a sobrevivência de duas aranhas cursoriais nocturnas. Biological Control, **63**: 231-236.

Price, P. W., R. F. Denno, M. D. Eubanks, D. L. Finke e I. Kaplan. 2011. Insect ecology: behaviour, populations and communities. Cambridge University Press.

Pungavi, R. e T. Nalini. 2023. Impacto do néctar extrafloral de Kenaf, Hibiscus cannabinus L. (Malvaceae) nos parâmetros da história de vida e na parasitagem de Aenasius advena Compere (Hymenoptera: Encyrtidae). Crop Research, **58**(6): 264-270.

Putman, W. L. 1955. Bionomics of Stethorus punctillum Weise (Coleoptera: Coccinellidae) in Ontario. Canadian Entomologist, **87**: 9-33.

Putman, W. L. 1963. Néctar de glândulas de folhas de pessegueiro como alimento para insectos. Canadian Entomologist, **95**: 108-109.

Radhika, V., C. Kost, S. Bartram, M. Heil e W. Boland. 2008. Testando a hipótese de defesa óptima para duas defesas indirectas: Néctar extrafloral e compostos orgânicos voláteis. Planta, **228**: 449-457.

Radhika, V., C. Kost, A. Mithofer e W. Boland. 2010. A regulação da secreção de néctar extrafloral por jasmonatos no feijão-de-lima depende da luz. Actas da Academia Nacional de Ciências dos EUA, **107**: 17228-33.

Rand, T. A. e D. K. Waters. 2020. A melada de pulgão aumenta a longevidade do parasitoide na mesma medida que um recurso floral de alta qualidade: implicações para o controle biológico da conservação da mosca-serra do caule do trigo (Hymenoptera: Cephidae). Journal of Economic Entomology, **113**(4): 2022-2025.

Rashbrook, V. K., S. G. Compton e J. H. Lawton. 1992. Ant-herbivore interactions: reasons for the absence of benefits to a fern with foliar nectaries. Ecology, **73**: 2167-2174.

Rauch, G. e W. W. Weisser. 2007. Dinâmica local e espacial de um sistema hospedeiro-parasitoide numa experiência de campo. Ecologia Básica e Aplicada, **8**: 89-95.

Reis, D. A. 2018. O potencial dos recursos de açúcar na biologia reprodutiva dos parasitoides da mosca-serra do caule do trigo. Universidade Estadual de Montana.

Rezende, M. Q., M. Venzon, A. L. Perez, I. M. Cardoso e A. Janssen. 2014. Nectários extraflorais de árvores associadas podem melhorar o controlo natural de pragas. Agricultura, Ecossistemas e Ambiente, **188**: 198-203.

Reznik, S. Y. e N. P. Vaghina. 2006. Dinâmica do teor de gordura durante a indução e o término da "diapausa trófica" em fêmeas de Harmonia sedecimnotata Fabr. (Coleoptera, Coccinellidae). Entomological Review, **86**: 125-132.

Rhoades, D. F. 1979. Evolução da defesa química das plantas contra herbívoros. Em G. A. Rosenthal e D. H. Janzen (Eds.), Herbivores: Their Interaction with Secondary Plant Metabolites. pp. 3-48

Ricci, C., L. Ponti e A. Pires. 2005. Voos migratórios e alimentação pré-diapausa de adultos de Coccinella septempunctata (Coleoptera: Coccinellidae) em ecossistemas agrícolas e de montanha da Itália Central. European Journal of Entomology, **102**: 531- 538.

Rijn, P. C. e Tanigoshi, L. K. (1999). A contribuição do néctar extrafloral para a sobrevivência e reprodução do ácaro predador Iphiseius degenerans em Ricinus communis. In M.
A. Houck (Ed.), Ecology and Evolution of the Acari: Actas do 3º Simpósio da Associação Europeia de Acarologistas. pp. 405-417.

Rivero, A. e J. Casas. 1999. Incorporando a fisiologia na ecologia comportamental dos parasitóides: a alocação de recursos nutricionais. Researches on Population Ecology (Kyoto), **41**: 39-45.

Rockwood, L. P. 1952. Notes on coccinellids in the Pacific northwest. Pan-Pacific Entomologist, **28**: 139-147.

Rose, U. S. R., J. Lewis e J. H. Tumlinson. 2006. Néctar extrafloral do algodão (Gossypium hirsutum) como fonte de alimento para vespas parasitas. Functional Ecology, **20**: 67-74.

Rostas, M. e K. Eggert. 2008. Ontogenetic and spatio-temporal patterns of induced volatiles in Glycine max in the light of the optimal defence hypothesis. Chemoecology, **18**: 29-38.

Rudgers, J. A. 2004. Inimigos dos herbívoros moldam as características das plantas: Seleção num mutualismo formiga-planta facultativo. Ecology, **85**(1): 192-205.

Rudgers, J. A. e S. Y. Strauss. 2004. Um mosaico de seleção no mutualismo facultativo entre formigas e algodão selvagem. Proceedings of the Royal Society B-Biological Sciences, **271**(1556): 2481-2488.

Ruhlmann, J. M., B. W. Kram e C. J. Carter. 2010. A CELL WALL INVERTASE é necessária para a produção de néctar em Arabidopsis. Journal of Experimental Botany, **61**: 395-404.

Ruhren, S. e S. N. Handel. 1999. As aranhas saltadoras (Salticidae) aumentam a produção de sementes de uma planta com nectários extraflorais. Oecologia, **119**: 227-230.

Satpathy, S., B. S. Gotyal, T. Ramasubramanian e K. Selvaraj. (2013). Mealybug, Phenacoccus solenopsis Tinsley infestação em juta (Corchorus olitorius) e mesta (Hibiscus sabdariffa). Ambiente de Insetos, **19**(3): 187-188.

Savage, A. M. e K. D. Whitney. 2011. Interacções indirectas mediadas por características em invasões: Respostas comportamentais únicas de uma formiga invasora ao néctar da planta. Ecosphere, **2**: 106.

Seo, P. J., N. Wielsch, D. Kessler, A. Svatos e C. M. Park. 2013. Variação natural nas proteínas do néctar floral de dois acessos de Nicotiana attenuata. BMC Plant Biology, **13**: 101.

Smith, S. F. e V. A. Krischik. 1999. Efeitos do imidaclopride sistémico em Coleomegilla maculata (Coleoptera: Coccinellidae). Environmental Entomology, **28**: 1189-1195.

Soren, R. e S. Chowdhury. 2011. Nectivoria de aranha por Phintella vittata Koch (Araneae: Salticidae) dos nectários extraflorais de Urena lobata L. da região indiana. Current Science, **100**: 1123-1124.

Spellman, B., M. W. Brown e C. R. Matthews. (2006). Efeito dos recursos florais e extraflorais na predação de Aphis spiraecola por Harmonia axyridis na macieira. BioControl, **51**: 715-724.

Staab, M., J. Methorst, J. Peters, N. Blüthgen e A. M. Klein. 2016. A diversidade de árvores e a composição do néctar afetam os visitantes de artrópodes em nectários extraflorais em um experimento de diversidade. Journal of Plant Ecology, **10**(1): 201-212

Stapel, J. O., A. M. Cortesero, C. M. DeMoraes, J. H. Tumlinson e W. J. Lewis. 1997. Efeitos do néctar extrafloral, da melada e da sacarose no comportamento de procura e na eficiência de Microplitis croceipes   (Hymenoptera:Braconidae) em   algodão. Environmental Entomology, **26**: 617-623.

Stefani, V., T. L. Pires, H. M. Torezan-Silingardi e K. Del Claro. 2015. Efeitos benéficos de formigas e aranhas sobre o valor reprodutivo de Eriotheca gracilipes (Malvaceae) em uma Savana Tropical. Plos One, **10**(7): e0131843.

Stephenson, A. G. 1982. The role of the extrafloral nectaries of Catalpa speciosa in limiting herbivory and increasing fruit production. Ecology, **63**: 663-669.

Takasu, K. e W. J. Lewis. 1995. Importância das fontes de alimento dos adultos para a procura de hospedeiros do parasitoide larvar Microplitis croceipes. Biological Control, **5**: 25-30.

Takasu, K. e W. J. Lewis. 1996. The role of learning in adult food location by the larval parasitoid, Microplitis croceipes (Hymenoptera: Braconidae). Journal of Insect Behaviour, **9**: 265-281.

Taylor, R. M. e R. S. Pfannenstiel. 2008. Alimentação de néctar por aranhas errantes em plantas de algodão. Environmental Entomology, **37**: 996-1002.

Taylor, R. M. e R.A. Bradley. 2009. O néctar das plantas aumenta a sobrevivência, a muda e o forrageamento em duas aranhas errantes da folhagem. The Journal of Arachnology, **37**: 232-237.

Taylor, R. M. e R. S. Pfannenstiel. 2009. Como o néctar da planta na dieta afecta a sobrevivência, o crescimento e a fecundidade de uma aranha cursorial Cheiracanthium inclusum (Araneae: Miturgidae). Environmental Entomology, **38**: 1379-1386.

Tompkins, J. M. L., S.D. Wratten e F. L. Wackers. 2010. Néctar para melhorar a aptidão dos parasitóides no controlo biológico: A relação sacarose:hexose é importante? Ecologia Básica e Aplicada, **11**: 264-271.

Tooker, J. F. e L. M. Hanks. 2000. Plantas com flores hospedeiras de himenópteros parasitóides adultos do centro do Illinois. Annals of the Entomological Society of America, **93**: 580-588.

Tylianakis, J. M., R. K. Didham e S. D. Wratten. 2004. Melhoria da aptidão dos parasitóides de pulgões que recebem subsídios de recursos. Ecology, **85**(3): 658-666.

Van Rijn, P. C. J. e L. K. Tanigoshi. 1999. A contribuição do néctar extrafloral para a sobrevivência e reprodução do ácaro predador Iphiseius degenerans em Ricinus communis. Experimental and Applied Acarology, **23**: 281-296.

Van Rijn, P. C. J. e F. L. Wackers. 2016. A acessibilidade do néctar determina a aptidão, a escolha da flor e a abundância de hoverflies que fornecem controle natural de pragas. Journal of Applied Ecology, **53**: 925-933.

Vattala, H. D., S. D. Wratten, C. B. Phillips e F. L. Wackers. 2006. The influence of flower morphology and nectar quality on the longevity of a parasitoid biological control agent. Biological Control, **39**: 179-185.

Villatoro-Moreno, H., L. Solis-Montero, R. Gonzalez-Gomez, S. Maza-Villalobos, J. Cisneros Hernandez e A. Castillo-Vera. 2023. Nectários extraflorais em Nephelium lappaceum (Sapindaceae). Botanical Sciences, **101**(1): 116-126.

Wackers, F. L. 2001. A comparison of nectar- and honeydew sugars with respect to their utilization by the hymenopteran parasitoid Cotesia glomerata. Journal of Insect Physiology,

47: 1077-1084.

Wackers, F. L., Zuber, R. Wunderlin e F. Keller. 2001. The effect of herbivory on temporal and spatial dynamics of foliar nectar production in cotton and castor. Annals of Botany, **87**: 365-370.

Wang, Y., J. Carrillo, E. Siemann, G. S. Wheeler e L. Zhu. 2013. A especificidade da indução de néctar extrafloral por herbívoros difere entre populações nativas e invasoras de sebo. Annals of Botany **112**(4): 751-756

Ward, P. S. 2007. Phylogeny, classification, and species-level taxonomy of ants (Hymenoptera: Formicidae). Zootaxa, **1668**(1): 549-563.

Watson, J. R. e W. L. Thompson. 1933. Hábitos alimentares de Leis conformis Boisd. (joaninha chinesa). Florida Entomologist, **17**: 27-29.

Weber, M. G. e K. H. Keeler. 2013. A distribuição filogenética de nectários extraflorais em plantas. Annals of Botany, **111**(6): 1251-1261.

Whitney, K. D. 2004. Provas experimentais de que ambas as partes beneficiam num mutualismo facultativo planta-aranha. Ecology, 85: 1642-1650.

Wilder, S. M. e M. D. Eubanks. 2010. O conteúdo de néctar extrafloral altera as preferências de forrageamento de uma formiga predadora. Biology Letters, **6**: 177-179.

Wu, L., Y. Yun, J. Li, J. Chen, H. Zhang e Y. Peng. 2011. Preferência por alimentação em solução de mel e seu efeito na sobrevivência, desenvolvimento e fecundidade de Ebrechtella tricuspidata. Entomologia Experimentalis et Applicata, **140**: 52-58.

Wunderlin, R., F. Keller e F. L. Wackers. 1997. Uma comparação entre Spodoptera littoralis (Boisduval) danificada e não danificada Gossypium herbaceum (L.) no que respeita à composição de açúcar e concentração de néctar extrafloral. Actas da Secção de Entomologia Experimental e Aplicada da Sociedade Entomológica dos Países Baixos, 8: 189-192.

Xiu, C. L., H. S. Pan, A. Ali e Y. H. Lu. 2017. O néctar extrafloral de Hibiscus cannabinus promove populações adultas de Harmonia axyridis. Ciência do Biocontrolo, **27**(8): 1009-1013.

Xu, F. F. e J. Chen. 2015. A secreção de néctar extrafloral é determinada principalmente pela fixação de carbono em condições livres de herbívoros no arbusto tropical Clerodendrum philippinum var. simplex, Flora, **217**: 10-13.

Yokoyama, V. Y. 1978. Relação entre as mudanças sazonais no néctar extrafloral e na proteína foliar e as populações de artrópodes no algodão. Environmental Entomology, **7**: 799-802.

Zhang, L., N. S. Cohn e J. P. Mitchell. 1996. Indução de um gene de invertase de parede celular de ervilha por ferimento e sua expressão localizada no floema. Plant Physiology, **112**, 1111-1117.

Zheng, Y., K. S. Hagen, K. M. Daane e T. E. Mittler. 1993. Influence of larval dietary supply on the food consumption, food utilization efficiency, growth and development of the lacewing Chrysoperla carnea. Entomologia Experimentalis et Applicata, **67**: 107-117.

More
Books!

info@omniscriptum.com
www.omniscriptum.com
OMNIScriptum

Printed by Books on Demand GmbH, Norderstedt / Germany